U0381151

◎ 中 国 符 号 ◎

中 国 节 气

朱辉 主编　吴修丽 编著

河海大学出版社
HOHAI UNIVERSITY PRESS
· 南京 ·

图书在版编目（CIP）数据

中国节气 / 吴修丽编著. -- 南京 : 河海大学出版社，2023.6（2024.2重印）

（中国符号 / 朱辉主编）

ISBN 978-7-5630-8134-9

Ⅰ. ①中… Ⅱ. ①吴… Ⅲ. ①二十四节气—普及读物 Ⅳ. ①P462-49

中国国家版本馆CIP数据核字(2023)第005538号

丛 书 名 / 中国符号
书　　名 / 中国节气
　　　　　ZHONGGUO JIEQI
书　　号 / ISBN 978-7-5630-8134-9
责任编辑 / 毛积孝
丛书策划 / 张文君　李　路
特约校对 / 王春兰
装帧设计 / 谢蔓玉　刘昌凤
出版发行 / 河海大学出版社
地　　址 / 南京市西康路1号（邮编：210098）
电　　话 / （025）83737852（总编室）
　　　　　/ （025）83722833（营销部）
经　　销 / 全国新华书店
印　　刷 / 涿州市荣升新创印刷有限公司
开　　本 / 880毫米×1230毫米　1/32
印　　张 / 7.625
字　　数 / 157千字
版　　次 / 2023年6月第1版
印　　次 / 2024年2月第2次印刷
定　　价 / 59.80元

符号是一种标识或印记。它是人类生命活动的积淀，具备明确而且醒目的客观形式；也是精神表达的方式，承载着丰富的意义。文化符号，可以说是一个民族的容颜。

一国与他国的区别，很重要的是精神和文化。中国历史数千年，曾遭遇无数次兵燹和灾害，却总能绝处逢生，生生不息，至今仍生机勃勃，是因为我们拥有着深入血脉、代代相传的强大文化基因。

千百年来，中国文化绵延不绝，就如汉字，源远流长。从结绳记事到仓颉造字，汉字的起源蒙着神奇的面纱；但从一百多年前河南省安阳殷墟发现了甲骨文后，汉字的源流就基本清晰了。甲骨文已具有对称、稳定的格局，具备了文字的表意功能，由甲骨文而下，甲骨文—金文—小篆—隶书—楷书—行书，直到现在，汉字已被植入电脑，有了所谓的"打印体"。如今似乎除了学生和书法家，我们都不太需要拿笔了，会敲键盘就行，尽管如此，我们还是用汉语说话，用汉语思考，我们大脑中的数据链仍然是汉字串。

汉字就是一种文化符号。汉字的"福""寿"等等，可以写出很多种形态，笔致方正或飞扬，我们不见得全部认识，但一看就知道这是我们的汉字，外国人也能一眼看出。汉字是根，伴随着日月穿梭和时代变迁，我们的文化在蔓生、延展，文化氤氲在我们生活的方方面面，无论是涓滴如水的日常生活，还是精骛八极、心游万仞的精神活动，中华文化都是我们的血液。

文字是文化的根基之一。汉字的形态之美，对称之美，音韵之美，已经成为我们审美观的基础。对仗和对称，渗入了我们的审美，没有对仗，我们的古诗词就不会是这个样子，也谈不上对联和楹联；象形文字也潜移默化地引导了我们对风景的命名，各地大量的"象鼻山""骆驼峰"就是明证；我们的汉字与中国古代宫殿形制之间，显然存在着可意会却难以尽言的关系。

我们创造了文化，文化又反哺我们。古诗词对中国人的心灵塑造，从《诗经》中的男女情感、稼穑农桑就开始了。"关关雎鸠，在河之洲。窈窕淑女，君子好逑……""硕鼠硕鼠，无食我黍……"更不用说，文天祥的"人生自古谁无死，留取丹心照汗青"那种令人震撼的豪迈和悲壮。民俗节令和家训谚语对中国人的影响和规训自不待言。

文化是渊深的，丰富而庞杂。它顽强，坚韧，却

也活泼茁壮，苟日新，日日新，又日新。随着文化的发展和浓缩，到了一定火候，它自然会拥有符号功能，产生了符号意义。中国文化以其浓重深厚的内涵为基础，一直是中华民族屹立于世界民族之林的外在形象，拥有强大的辐射力；伴随着国力的增强和国家影响力的扩大，中国符号不胫而走，越来越多地出现在世界的各个地方：瓷器、茶叶、丝绸、书法、古琴、二胡、春联、剪纸、饺子、中国结、中国功夫、中国民歌、飞檐斗拱、财神罗汉、舞狮舞龙、威风锣鼓……林林总总，蔚为大观。我们无论是置身其间，亲临其境，还是通过媒体耳闻目睹，都会顿感亲切，自豪之情油然而生。

世界是交融的，中国文化和中国符号，早已进入其他的文化圈，不但出现在世界文化交流的舞台上，也渗入了其他文化生态的细微处。我们被称为"China"是因为瓷器，虽然这可能还不是定论，但"Kungfu"（功夫）这个英文单词确实出现在了英文辞典中。中国艺术家徐冰，在他的成名作《天书》系列中，设计、刻印了数千个"新汉字"，以极具冲击力的图像性和符号性，呈现和探讨了中国文化的本质和思维方式，在世界艺术殿堂中点亮了中国符号的高光时刻……这些都印证了中国文化、中国符号的影响力，也体现了文化符号的交流功能。符号是文化的载体，也是交流的工具和友好的使者。我们浸润在中国文化之中，周遭遍布中国符号，我们可能会习焉不察，熟视无睹，但祖先的遗产是千百代人胼手胝足的智慧结晶，生为中国人，我们是继承者，是学生，更应该是创造者和弘扬者。

从某种角度看，有些文化或符号已失去了实际使用价值，一个文物级别的碗或瓶，当然已不能用于盛水插花，但它们散发着味道和力量。它们陈列在橱窗里，在射光灯投上光线的那一刹那，它们就复活了，焕发出文化和精神的灵光与生机。它们深入人心，无远弗届。它们属于中国，属于我们。

中国符号是中国精神的外化呈现，它以醒目亮眼的客观形式，成为中华文化永远的载体。中国符号，也是中华民族砥砺前行的内在驱动力。

中国文化博大精深，其中很多可以冠之以"中国符号"。《中国符号丛书》讲述了节气、家训、民俗、诗词、楹联、瓷器、建筑、骈文、汉字、绘画中蕴含的中国文化，从历史、发展、分类、特色等多个维度展现了中国文化的独特魅力，多位专家学者付出了努力。这套丛书对弘扬中华优秀传统文化，帮助读者，尤其是青年学生了解中华优秀传统文化，将有所助益。

是为序。

目　录

第一章　中国节气概说

壹

目　录

第二章　中国节气简史

贰

目　录

目 录

第四章 中国节气的价值与意义

肆

第一章

中国节气

概说

第一节 中国节气的含义

一、节气的含义

节气又叫节候或节令，有阶段季节、气候的意思，反映的是大自然的物象变化和规律。在人类活动的最初时期，生产力水平十分低下，人们获取食物的主要方式就是狩猎、采集、耕作。人们为了填饱肚子，开始注意到周围环境的各种物象的变化：动物什么时候出没，草木什么时候开花结果，天空什么时候下雨，大地什么时候回暖……在这一系列的变化之中，人们逐渐开始记忆、总结其中的规律，形成了一套比较完整、成体系的中国节气。

这套规律的总结是经历了漫长的过程的。就拿农业耕作来说，最开始的耕作，人们只知道将种子埋在土里，过一段时间会发芽，再过一段时间会长出果实。但并没有什么规律性，因而收成的意外很多，有时候能有大丰收，有时候却颗粒无收。在经过不断的播种、收割后，人们逐渐积累了相应的经验，并且在这套经验的指导下，人们开始掌握什么样的温度种子更容易

❶ 黄道，其实是人们假想出的一个大圆圈，即以地球为观测点，太阳在一年内"走"过的路线，从另一个角度来说，也就是地球公转轨道面在地球上的投影。平常所说的12星座，指的就是黄道十二宫，即位于黄道带上的十二个星座，人们可以根据太阳处于黄道上的位置来判断季节和日期。

❷《尚书》是一部中国上古时期的历史文献和部分追述史迹著作的汇编，记录了从上古尧舜时期起，至春秋中期结束的事，是儒家经典书籍"四书五经"中"五经"之一，又称《书经》。按朝代编排，《尚书》分为《虞书》《夏书》《商书》《周书》。《尧典》是《尚书》篇目之一，记叙尧舜事迹。

❸《吕氏春秋》又名《吕览》，成书于战国末年，由秦相吕不韦召集幕客编写而成。主要反映儒、道两家思想，兼收名、法、墨、农、阴阳各家言论，是先秦杂家的代表作。

发芽，什么样的降水庄稼长势更好……在"民以食为天"的古代，这为人类的生产生活提供了极大的便利。

节气在我国有悠久的发展历史，特别是我国独创的二十四节气，从汉代《淮南子》中完整记录的二十四节气名称和顺序开始，到现在已经有 2000 多年的历史了。二十四节气是十二个中气和十二个节气的合称，对应于太阳在黄道❶上的 24 个位置节点。二十四节气的名称和顺序并不是一开始就确立的，而是经过了漫长的演变才最终确定为现在这个样子的。

二、二十四节气的命名

从节气的萌芽到二十四节气完整版的诞生，其间经历了漫长的历史过程，二十四节气的名称也是逐渐确定下来的，它的命名也有着特殊的规律。透过二十四节气的名称可以发现，它所反映的正是大自然中的物候现象、四时变化。二十四节气中"二至""二分"的概念已经见于《尚书·尧典》❷；战国后期成书的《吕氏春秋》❸的《十二纪》篇中也有了立春、春分、立夏、夏至、立秋、秋分、立冬、冬至八个节气的名称；到秦汉年间，遂有了二十四节气的名目，《淮南子·天文训》一书记录了完整的二十四节气名称，与现在的二十四节气名称基本相同。

"立"有"建立，确立"的意思，表示一年四季中每个季节的开始，春夏秋冬四个"立"，即表示四个节气的开始。比如，立春，就表示春季的开始。立春、立夏、立秋、立冬合称"四立"，对应公历上每年的 2 月 4 日、5 月 5 日、8 月 7 日和 11 月 7 日前后。

一年四季由"四立"作为起点，进行着四季的轮换，反映着物候、气候等多方面的变化。但我国幅员辽阔，南北差异大，"四立"表示的只是天文季节的开始，因而从气候上说，一般还在上一个季节。比如立春时，虽然天文季节已经标志着春天的开始，但此时我国的黄河流域还处在隆冬季节。

"至"是"极、最"的意思，可以理解为"到达了极点"。夏至、冬至合称为"二至"，分别表示夏季和冬季的到来。但这个"极点"并不是"终点"的意思，不是说夏季和冬季的结束，而是对太阳照射走向的反映，即夏至时太阳向北走到了极点，要向南回归了，而冬至也是类似，象征着太阳开始向北回归。夏至日和冬至日一般对应公历上每年的 6 月 21 日和 12 月 22 日前后。夏至日，太阳直射约北纬 23.5 度，黄经 90 度，此时的北半球白昼最长。冬至日，太阳直射约南纬 23.5 度，黄经 270 度，此时的北半球白昼最短。

"分"在二十四节气里表示平分的意思。春分、秋分合称为"二分"，表示昼夜长短相等。"分"也可以理解为将一个季节"一分为二"，表示这个季节的中点，春分代表着春季过了一半，秋分则代表着秋季过了一半。这两个节气一般对应公历上每年的 3 月 20 日和 9 月 23 日前后。春分、秋分，黄道和赤道平面相交，此时黄经分别是 0 度和 180 度，太阳直射赤道，昼夜相等。

由此可以看出，二十四节气的名称中的"至""分"两个字是包含着非常准确的名词定位的，短短四十八

个字就比较完整地表述了全年的气候和物候特征及其变化规律，让人不得不赞叹古人用字之准确生动！

人们还采用诗词的韵律，将二十四节气编写成极具韵律的节气歌。按照二十四节气的顺序，在每个节气中取一个字，正好组成了 28 个字的诗歌：

春雨惊春清谷天，夏满芒夏暑相连。
秋处露秋寒霜降，冬雪雪冬小大寒。

数千年来，二十四节气一直是指导我国中原地区的农业生产活动的理论依据，并在不断修正补充中为我国的农业生产保驾护航，因此也验证了其命名的科学性。为了适应中国大地上不同地域的多样气候，除了二十四节气外，还出现了各种各样的节气、候，共同组成了中国节气。中国节气作为一种"自然历法"，是人们通过长期观测一个回归年中的时令、气候、物候等方面的变化，不断总结其中的规律并最终形成了一套完整的知识体系和社会实践，其从诞生之初就一直指导着人们的农业生产和日常生活，为中国乃至世界农耕文明的发展作出了重要贡献。

第二节　中国节气的分类与特征

一、中国节气的分类

中国的节气种类很多，划分也非常详细，最常见的就是二十四节气。二十四节气基本概括了我国大部分地区的气候特征，是中国节气中的代表性节气。但

由于我国疆域辽阔，东西南北的气候并不统一，便产生了多种类的中国节气。因此，在二十四节气之外，还有七十二候 ❶、二十四番花信风 ❷、三伏、九九、入梅和出梅、三时、腊、社等。

二十四节气是干支历中表示自然节律变化以及确立"十二月建（月令）"的特定节令。二十四节气对应春、夏、秋、冬四个季节，每个季节又分别对应六个节气。它将全年分为二十四个时段，分别为：立春、雨水、惊蛰、春分、清明、谷雨、立夏、小满、芒种、夏至、小暑、大暑、立秋、处暑、白露、秋分、寒露、霜降、立冬、小雪、大雪、冬至、小寒、大寒。根据这些名称，二十四节气一般可以分为四类：立春、春分、立夏、夏至、立秋、秋分、立冬、冬至这八个是用来反映季节变化的节气；小暑、大暑、处暑、小寒、大寒这五个是反映气温，表示一年中不同时期的寒热程度的节气；雨水、谷雨、白露、寒露、霜降、小雪、大雪这七个是反映全年降水变化的节气；惊蛰、清明、小满、芒种这四个是反映自然物候现象变化的节气，其中小满、芒种还反映着有关作物的成熟和收成情况。

早在周代的时候，人们就已经学会了使用测算工具来测定日影，计算时间。当时的测算工具叫作圭表 ❸。通过在正午时测量在圭上的影子的长度，人们先确定了二至日。北半球影子最长的一天为冬至，影子最短的一天为夏至。以后又有了春分和秋分共四个节气，到春秋时代发展到了八个节气，增加了立春、立夏、立秋、立冬。这之后又增加了其他节气，按照《管子·幼

❶ 七十二候，历法术语。在传统历法中，5 天算作一候，一年 365 天（平年）为 73 候。为了与二十四节气对应，规定三候为一节（气）、一年为 72 候。

❷ 二十四番花信风，即花信风，应花期而来的风。百花集中开放的季节，从"小寒"开始，到"谷雨"结束，跨八个节气，二十四候。每候选一种花做代表，是为二十四番花信风。

❸ 圭表是中国古代发明的测量正午日影长度的天文仪器，可以用来确定冬至和夏至。圭是南北向水平放置在地表的起标尺作用的部件，也称土圭，表是垂直于地面的标杆。

官》中的记载，节气已经有三十个之多，这是由于节气的划分方法和名称都没有统一。因此，二十四节气真正被确定下来且有完整记录的，是西汉时淮南王刘安组织编写的《淮南子》中的《天文训》篇。书中记录的二十四节气的名称和顺序都与现在基本相同。

七十二候是一种物候历，"候"就是气候的意思。七十二候对应二十四节气，每个节气有三候，每一候都有相应的物候现象，叫候应，用来反映季节、气候的变化。七十二候主要分为两类：一类是生物候，如鸿雁来、桃始华等；一类是非生物候，如雷乃发声、土润溽暑等。七十二候也是一种农时季节历。早在石器时代，人们在日常狩猎、采集的过程中，就已经注意到周围的物象会随着季节的变化而变化的现象，并在实践中逐渐总结出一套系统化的物候农时。有关物候农时的记载早在春秋时的《诗经》中就已经出现了，但并不系统，直到《逸周书·时训解》时，才出现了按五日为一候，每个节气三候，全年七十二候的一套完整、系统、规格化的物候历。

二十四番花信风也是一种物候历，只不过它的物候对应的全部都是各种花卉。现存有关二十四番花信风的最早的明确解说见于宋代程大昌所著的《演繁露》❶。自小寒至谷雨共八个节气，每个节气分三候，每候都对应一种花为候应，一共二十四种花卉候应。

三伏指的是一年中气候最炎热的时候，即初伏（头伏、一伏）、中伏（二伏）、末伏（三伏）。三伏以夏至日后第三个庚日为初伏，预示着天气开始炎热，一般持续十天左右；到第四个庚日的时候天气达到炎

❶《演繁露》，笔记体著作，宋代程大昌撰。全书十六卷，后又有《续演繁露》六卷。全书以格物致知为宗旨，涵盖了政治、经济、文化等领域。

热的极点，即中伏，一般要持续十天或二十天；末伏则在立秋后的第一个庚日，一般持续十天左右，之后就出伏了。三伏过去，一年中最热的时候也过去了。

九九分为冬九九和夏九九。一般认为九九节气始于春秋时代的《管子》，而南北朝时《荆楚岁时记》❶中已经有了"俗用冬至日数及九九八十一日，为寒尽"的明确记载。冬九九反映的是冬季严寒情况，农谚中就有"冷在三九"的说法。即从冬至日算起，每九天为一个九，九九八十一天后寒尽。而夏至日后的八十一天则称为"夏九九"，反映的是夏季炎热情况。

我国长江中下游地区，几乎每年的六七月份都要经历持续一个月左右的阴雨天气，此时恰逢江南的梅子成熟，下的雨便被称为"梅雨"，这一特殊的气候也被称为"梅雨天"。"梅"也称"霉"，因为在这段时间中，持续的阴雨天气，使得日照极少，空气潮湿，人们家中的衣物、器具很容易发霉，故而"梅雨天"也被称为"霉雨天"。梅雨天开始时被称作"入梅"，梅雨天结束时被称作"出梅"。但不同地区入梅和出梅的时间并不是确定的，梅雨天的气候也有不同。

与入梅和出梅相似，我国古代还有时雨或三时的节气，在夏至日后的半个月："夏至日起时，时分三节，共十五日，三日为头时，五日为中时，七日为末时。"这一节气的时间与入梅和出梅的时间有重合，并且都为高温多雨天气。

腊日是冬至日后的第三个戌日。古代人们会在这一天进行打猎祭祖等活动。腊日，在殷商时期称"清

❶《荆楚岁时记》，南北朝梁代宗懔撰，是一部记录古代楚地时令风俗的笔记体专书，介绍了自元旦至除夕重大节令的由来、传说、风俗等内容，是我国最早记录楚地岁时节令与风物故事的民俗志著作。

祀"，周代时称"大蜡"，秦代称"嘉平"，至汉代时才确定"腊日"这一名称。《说文解字》中"腊"的意思是"冬至后三戌，腊祭百神也"。明代《月令广义》中记载："腊者，猎也，因猎取兽，以祭先祖。"因此，腊日是祭祀众神和先祖、庆祝丰收的特定节令。

社有春社和秋社之分，是古代祭祀社神（土地神）的节令。春社为立春后第五个戊日，此时正值农事开始之际，人们在春社期间举办各种各样的祭祀活动，以祈求一年的农事顺利。秋社为立秋后第五个戊日，《齐民要术》中就有记载："八月中戊社前种（麦）者为上时。"人们会在秋社期间举办各种各样的祭祀土地神的活动，以感恩农业获得大丰收。

二、中国节气的特征

中国节气作为我国古代先民们对诡谲的大自然和社会人文不懈探索的结晶，具有鲜明的特征。此处将以二十四节气为例进行讨论。

（一）二十四节气是以天文学为基础的

如果按照学科进行分类，节气当属于天文学范畴。当然，节气的诞生也是以古人对日、月、星辰的研究为基础的。

首先，现行的二十四节气反映的是太阳的周年视运动。古人将太阳的周年视运动 ❶（黄道）轨迹均分为 24 等份，从黄经 0 度开始，太阳每走 15 度就对应一个节气，太阳走完 360 度，正好对应完整的二十四节气，以此周而复始。因此，二十四节气在现代公历上的日期基本是固定的，每年的同一交节时间点相差不过 1～2 天。

❶ 太阳周年视运动，天文学术语，是人的一种观测表示。由于地球的自转，使位于地球上的人觉得太阳每天都是从东方升起，在西方落下，从而认为是太阳绕地球在运动。

●宋朱锐春社醉归图（局部）

画中为人们春社祭祀之后，宴饮归来的醉态

其次，二十四节气与月亮的运行也有着密切的关系。虽然从严格意义上讲，二十四节气属于太阳历，但中国古代的二十四节气却是紧紧依附于农历（阴阳合历）的。中国古代按照月亮的月相周期变化制定的历法就是阴历，而朔望月就是确定阴历月份的基础。在历法的演变过程中，人们逐渐将阴历与二十四节气结合，发展形成了农历。其中，置闰就是根据二十四节气中的冬至而设立的，古人通过置闰的方式，将二十四节气与十二个月联系起来，并合于太阳回归年，以更加科学地指导农业生产。

此外，古人观测的天体对象还有各种星辰，如北斗七星、四仲中星和二十八星宿❶。在古代，人们通

❶ 二十八星宿是中国古人对天上恒星的划分，又称为二十八星或二十八舍。古时候的人们根据它们的出没和中天时间定四时，安排农事活动。
二十八星宿分成4组，与东、北、西、南四宫和动物命名的四象相配。它们是东宫青龙，包括角、亢、氐、房、心、尾、箕七宿；西宫白虎，包括奎、娄、胃、昴、毕、觜、参七宿；南宫朱雀，包括井、鬼、柳、星、张、翼、轸七宿；北宫玄武，包括斗、牛、女、虚、危、室、壁七宿。

过观测日月星辰的方位来判断方向，进而判断时间（节令）。《尚书·尧典》中就记载了帝尧命令羲、和四子分赴东南西北四方以观测春夏秋冬的星象。《夏小正》中也有不同月份斗柄位置变化的记载："正月，斗柄悬在下。"《鹖冠子》中也有依据斗柄指向来判断春夏秋冬四季的记载。而《淮南子·天文训》中更有十二个月与斗柄、二十八星宿、五方❶、二十四节气间的相互关系的详细记载："日冬至，日出东南维，入西南维。至春秋分，日出东中，入西中。夏至，出东北维，入西北维，至则正南。"

❶ 指东、西、南、北、中五个方位。

（二）二十四节气客观地反映了日地关系

在中国古代，科学技术尚未发达，人们的生产生活都只能依靠大自然。大自然的节奏就是人们生产生活的节奏。人们依循太阳的运行，日出而作，日落而息。二十四节气作为指导人们生产生活的指南，其整个形成的过程客观地反映了日地关系。

日地关系是地球上昼夜更替、四季变化以及各种气候形成的重要因素。太阳规律性直射北半球的运动使得北半球接收太阳辐射的面积和时间产生了规律性变化，形成了特有的四季更替的现象。同时，当太阳直射北半球时，北半球的地面接收的辐射强度增大，时间增长，导致地面增温快，再加上昼长夜短，使得温度散失的速度慢，气候炎热。而当太阳直射南半球时，北半球的气候则呈现了完全相反的现象。太阳两次直射赤道，使得南北半球接收太阳辐射❷的强度和时长相等，昼夜等长，气候也比较温暖。可以发现，

❷ 太阳辐射，是指太阳以电磁波的形式向外传递能量，太阳向宇宙空间发射的电磁波和粒子流。

二十四节气的交节时间点，特别是春分、夏至、秋分、冬至四个节气，客观地反映了太阳直射地球的四个关键转折点，并客观反映了季节与气候的变化。

太阳的辐射是农业生产中的重要能源之一，所谓"万物生长靠太阳"，农作物需要通过光合作用实现能量的转化，以生成自身所需要的物质。太阳辐射的时长和强度都会对农作物的产量和品质产生重大影响。可以发现，二十四节气所反映的正是我国黄河中下游地区的四季变化和气候状态，其中所形容的农事活动可以在黄河中下游一带得到验证。

（三）二十四节气是时间概念

从二十四节气的形成过程来看，人们并不是一开始就关注到太阳的运动的，也没有将二十四节气与太阳运动相联系，而是首先从观察周围的事物开始。早期社会的先民们还没有时间概念，他们的日常活动与动物并无二致。在狩猎与采集的过程中，先民们逐渐发现，草木枯荣，瓜熟蒂落，候鸟去来……都是有一定规律的，气候也并不是保持不变的，而是有冷有暖。正是在这一系列的经验观察中，人们最初的物候意识萌芽了。物候主要指的是动植物受到其所处环境（气候、水文、土壤等）影响而出现的以年为周期的自然现象。

通过物候的变化来安排自己的生存活动，是早期先民们采用的最原始的计时方式，但其对时间的概念并没有那么明确。渐渐地，先民们将地上的各种物候现象与天上的日月星辰联系起来。昼夜的交替、月亮

的盈缺、四时的变化，让人们逐渐掌握了日、月、四时、年等时间概念。

而在物候的基础上逐渐形成的各种节气，犹如时钟一般，安排着人们的农事活动，提醒着人们什么时候播种，什么时候收获，精确到每一个节气。尤其是二十四节气，其与太阳周年视运动的轨迹的结合，将二十四节气所在黄道上的位置明确，其交节时间点具有科学的严格性。而在现代天文学与科学技术的发展下，节气的交节时间点甚至可以精确到分秒。节气在天文学上，是实实在在的时间概念。

（四）二十四节气具有科学性

二十四节气的诞生不是凭空造出的，而是依据当时的文化、农业、气候、地理等因素而产生的，并且是在人们长期的观测和实践中不断修正并逐渐完善而成体系的。虽然二十四节气由于其形成的地理和历史的原因，具有一定的局限性，但两千多年来，二十四节气一直是指导人们进行生产生活的重要指南，这足以体现出其自身的科学性。

二十四节气的科学性主要体现在以下几个方面：

二十四节气诞生于我国黄河中下游的中原地区，有着坚实的人文基础。中原地区是华夏文明的中心。从早期人类活动的旧石器时代到人文初祖黄帝的一统中原，从远古神话的诞生到河洛文化的泽被后世，作为中华民族的重要发祥地，这里承载着数千年的文明变迁，始终是中国古代重要的政治中心和文化中心，为二十四节气的诞生、延续和发展提供了政治、文化

和思想的基础。

二十四节气是中国古代天文历法的优秀成果。中国古代先民很早就注意到了观测天时对农业生产的影响。《吕氏春秋》曰："凡农之道，厚时为宝……夫稼，为之者人也，生之者地也，养之者天也。"因此，早在尧时期，就已经命令羲、和四子"历象日月星辰，敬授人时"，制定历法以教民众从事农耕。众所周知，我国的历法分为太阳历（阳历）和太阴历（阴历），分别是根据太阳的运动和月亮的运动制定的历法。但在实际的应用中，我国的历法却是阴阳合历，而二十四节气正是兼顾太阳、月亮和地球的关系的阴阳合历。虽然以均分太阳周年视运动线路的方式划分的二十四节气更加精确，但在民间的实际应用中，人们更习惯于按照月份来安排农事生产。因此，二十四节气就是将太阳历与太阴历❶完美结合的历法。

二十四节气是农事实践经验教训积累的产物。节气与其他任何科学技术一样，其发生和发展都是由生产生活的需要决定的。中国有着悠久的农业文明史，庞大的农业生产需要一套普适性的气候与物候指南来指导人们进行各项农事的安排。二十四节气的诞生本就是由人们生产生活的需要所决定的，中原地区四季分明的气候特征及其比较稳定的更替规律，为人们划分一年中的季节、节气以安排农事生产提供了必要条件，原始的二十四节气所形容的农事活动的准确性也在黄河中游一带得到了很好的验证。除了二十四节气本身，人们还衍生出了大量与二十四节气相关的节气歌、农事谚语等，这些内容不仅涉及农事活动，还关

❶ 太阴历又叫阴历，也就是以月亮的圆缺变化为基本周期而制定的历法。

系到手工业生产、衣食住行、民间信仰等。这些内容作为对二十四节气的补充，使得其更加符合当地人的生产生活需要，更具实用性、科学性。

第二章

中国节气
简史

第一节　先秦时期的节气

一、夏历先书《夏小正》

　　《夏小正》是目前中国现存最早的一部农事历书，也是最早记录星象变化与农时关联的文字资料，只不过此时的记载中还没有出现四季和节气的概念。但《夏小正》中所记载的古人在气象、物候方面的成就，却是后来形成完整的中国节气（二十四节气）的基础。

　　《夏小正》最早见于西汉戴德编著的《大戴礼记》，至于《夏小正》具体的编撰者是谁，现已不可考证。戴德是西汉宣帝时人，他和他的侄子戴圣先后将当时礼家收集的资料编撰成了两部礼书。戴圣编撰的那部是先成书的，即《小戴礼记》，《小戴礼记》中编入了一篇《月令》，其中记载了 12 个月的物候和天象，还记录有逐月政务、政令和宗教礼仪的规定。而《夏小正》由于记载的内容多是琐碎之事，因而未被戴圣收录。后来戴德编撰礼书时，将戴圣剩下的一些杂芜作品编撰起来，这才将《夏小正》收录进了《大

戴礼记》。

《夏小正》的"夏"即指我国历史上夏商周三代中的夏代，"正"即是"政"，"小正"便是"小政"，指一些琐碎而不太重要的事。由于《夏小正》的年代久远，其内容多是口耳相承，原始文字难免会有遗漏，后人又对其进行了补充、解释和加工。因此，书中记录的星象和物候错综复杂，人们对成书的年代及内容反映的时代颇有争议。但是现在学术界经过对《夏小正》中文字和内容的研究，认为其至迟成书于春秋时期，而且有些资料的年代更加久远。

对于《夏小正》，学术界一直争议不断，但其在我国历史文化发展中的地位却是毋庸置疑的。在《夏小正》中，按照一年十二个月分别记载了物候、气候、星象和农事。这说明人们在很久以前就已经开始注重物候资料的收集，并且将其按月记载下来，用于指导农业生产生活的安排，《夏小正》也是论证我国古代以农立国的重要依据。

从《夏小正》中的文字记载可以推出，夏代的历法是将一年分为十二个月，而此时有关一年的周期的测定尚且与太阳无关，而是以某一特定星象的再现来衡量的，即恒星年。对于月份的标识，也不是以月亮的圆缺周期为标准的朔望月，而是以某些显著的星象的昏、旦中星 ❶，晨见、夕伏来标识的。《夏小正》中，除了二月、十一月和十二月外，每一个月份都有天象的记载。不过，《夏小正》作为我国最早的一部农事历书，整体还并不完善和系统，其中应用了大量直接观测的物候，因而在严格意义上，它只是一部物候历。

❶ 黄昏、黎明时位于正南方的天空中的恒星，通常它们在天赤道和黄道附近。

《夏小正》中大量物候的记述，也为后来《礼记·月令》《吕氏春秋·十二纪》中的物候记载提供了基础。在《夏小正》中，"启蛰"这一物候的记载，就为后来二十四节气中惊蛰节气的形成提供了原型。此外，《夏小正》中记载的"时有养日"和"时有养夜"也与后来二十四节气中的"夏至"和"冬至"有关。因此，《夏小正》中虽然没有二至、二分、四立这些构成二十四节气基本结构的重要节气，但其对于后来二十四节气的形成却有着重要意义，在中国节气的发展史中亦具有不可忽视的地位。一方面，《夏小正》的存在反映了古人已经学会通过观察大自然的物候特征的方法来把握时令；另一方面，其记录下来的观测经验，为后来的人们用物候划分时令奠定了基础。

二、天象观测与节气的萌芽

人类并不是一开始就有时间的概念的，而是在不断的生产生活中逐渐形成的。先民们通过长期观察认识自己生活的环境，逐渐有了时间意识，知道了昼夜交替，"日出而作，日落而息"，掌握了四时冷暖，春种秋收。

在上古时候，人们主动获取生存资料的基本方式是狩猎与采集。在从自然界获取各种生活资源的同时，先民们面临着各种严峻环境的挑战。因此，妇女们在采集的过程中，逐渐了解了某些植物的生长周期，男子们在狩猎的过程中也开始关注各种虫鱼鸟兽的生活规律。植物什么时候发芽、什么时候结果，虫鱼什么时候潜伏，鸟兽什么时候出没……正是在漫长的狩猎

和采集的过程中，先民们逐渐在时间意识之上又建立起了物候意识，并不断总结记录下了这些规律。

当然，先民们除了对物候的观察外，还有对日月星辰的观测。《山海经》中就有关于太阳出入的神山位置的记载，虽然这是神话故事，但在一定程度上反映了先民们对太阳运动规律的认识。清代学者顾炎武在《日知录》●中曾说过：“三代以上，人人皆知天文。”意思是说从夏商周三代往上算，无论妇孺老幼，人人都懂天文。这在一定程度上是由于古时候的科学技术和教育水平较低，人们面对神秘莫测的大自然无所适从，因此常常夜观天象，将星辰运行的轨迹与地上万物的变化规律相对应起来，安排自己的生产生活，即“仰观星日霜露之变，俯察昆虫草木之化，以知天时，以授民事”。

而在《尚书·尧典》的记载中还出现了尧时负责观测日月之象的天文历官羲、和，唐尧因羲氏与和氏擅长观测星象，因此命令羲仲、羲叔、和仲、和叔四人观象制历，授民以时，“乃命羲、和，钦若昊天，历象日月星辰，敬授人时。分命羲仲，宅嵎夷，曰旸谷。寅宾出日，平秩东作。……申命羲叔，宅南交。平秩南讹，敬致。……分命和仲，宅西，曰昧谷。寅饯纳日，平秩西成。……申命和叔，宅朔方，曰幽都，平在朔易”。这四位历官分别在东南西北四个地方进行天象的观测，测定太阳出入的方位，观测昼夜的长短，等等。

虽然羲氏与和氏的存在与否尚且存疑，且羲和本是《山海经》●中的神话人物，此处却被历史化并

● 《日知录》成书于康熙初年，共三十二卷，是一部读书札记性的学术著作，在政事、科举、艺文、天文、史法等方面都有深刻的见解。

● 《山海经》是我国古代地理名著，分为《山经》五卷和《海经》十三卷，成书时间与作者已不可考。本书记载以山海地理为纲，涉古代山川、物产等多个方面，地域广及中国与中亚、东亚广大地区。

分为两个人，但《尚书·尧典》中记载："日中、星鸟，以殷仲春。……日永、星火，以正仲夏。……宵中、星虚，以殷仲秋。……日短、星昴，以正仲冬。"说明此时人们已经有了明确的四时概念，只是关于节气的记载尚处于萌芽草创阶段。其中的"日中""日永""宵中""日短"都是对四季中太阳变化的描述，说明这一时期的人们已经意识到了二分二至。再据竺可桢在《论以岁差定〈尚书·尧典〉四仲中星之年代》中论证的观点，这一时期当属于殷末周初。同时，2003 年山西襄汾县的陶寺古观象台 ❶ 遗址的发现，也为《尚书·尧典》中的记载提供了佐证。因此，节气的萌芽最早便可以追溯到殷末周初之际。

❶ 古观象台距今 4000 余年，由 13 根夯土柱组成，呈半圆形，半径 10.5 米，弧长 19.5 米。从观测点通过土柱狭缝观测塔尔山日出方位，确定季节、节气，安排农耕。

三、圭表测影与冬至日的诞生

在中国节气尤其是二十四节气的确立过程中，圭表测影的方式从技术上提供了重要且可靠的数据支持。圭表与日晷相似，也是通过观测并记录太阳在一年中正午时影子的长短变化以确定季节的变化，是一种计算时间的仪器。

相传西周初年，周公在选择国都地点时便使用了圭表测影。《周礼·地官·大司徒》载："以土圭之法测土深，正日景，以求地中。……日至之景尺有五寸，谓之地中，天地之所合也，四时之所交也，风雨之所会也，阴阳之所和也。然则百物阜安，乃建王国焉，制其畿方千里而封树之。"郑众注曰："土圭之长，尺有五寸。以夏至之日，立八尺之表，其景适与土圭等，谓之'地中'。"虽然在这一记载中，圭表

❶《律历融通》，成书于万历年间。共四卷，前二卷为黄钟历法十二篇，后二卷为黄钟律议二十四篇。内容涉及乐律、乐谱、算法、历法等。后被收入《四库全书》。

❷《周髀算经》，原名《周髀》，是我国最古老的一部天文数学著作，主要阐述盖天说和四分历法，是最早引用勾股定理的著作。

测影的初始目的是寻找不东、不西、不南、不北的地中，但正是在这一观测中，人们首先确定了北半球日影最长的冬至日和日影最短的夏至日，冬至与夏至成为第一组节气词。

明代朱载堉在《律历融通》❶中说："且如今日午中晷景极长，则从今日为始，日日验之，凡历三百六十五日而复长，是为冬至。"这就是说，早期的冬至日的测算需要使用圭表测影法"日日验之"，直到第三百六十五天日影再次达到最长，刚好为一年，由此测出的冬至日才是精确的。正是依据冬至与夏至这两个极点，人们才准确掌握了一年中日影长度变化的周期性，为二十四节气的最终确立提供了基础。

人们通过圭表测影法所反映的日影在一年中的长短的规律性变化，在《周髀算经》❷中有详细的记载："凡八节二十四气，气损益九寸九分六分分之一。冬至晷长一丈三尺五寸，夏至晷长一尺六寸，问：次节损益寸数长短各几何？冬至晷长丈三尺五寸。小寒丈二尺五寸，小五分。大寒丈一尺五寸分，小四分。立春丈五寸二分，小三分。雨水九尺五寸三分，小二分。启蛰八尺五寸四分，小一分。春分七尺五寸五分。清明六尺五寸五分，小五分。谷雨五尺五寸六分，小四分。立夏四尺五寸七分，小三分。小满三尺五寸八分，小二分。芒种二尺五寸九分，小一分。夏至一尺六寸。小暑二尺五寸九分，小一分。大暑三尺五寸八分，小二分。立秋四尺五寸七分，小三分。处暑五尺五寸六分，小四分。白露六尺五寸五分，小五分。秋分七尺五寸五分。寒露八尺五寸四分，小一分。霜降九尺五寸三分，小二分。立冬丈五寸二分，小三分。小雪丈一尺五寸一分，小四分。大雪丈二尺五寸，小五分。凡八节二十四气，气损益九寸九分六分分之一，冬至、夏至为损益之始。术曰：置冬至晷，以夏至晷减之，余为实，以十二为法。实如法得一寸。不满法者，十之；以法除之，得一分。不满法者，以法命之。"

　　由此可知，在二十四节气的确立过程中，冬至与夏至的日影长短是实际测量出来的，而其他节气时的日影长短，则是通过演算推测出来的，因而并不精确。而二十四节气的时间测算也成为后来人们研究的重点之一。

四、斗转星移与四时八节的确立

　　人们虽然很早就开始关注周围环境的变化，也发现了一年中会经历草木从生发到枯萎这样的一个季节变化，但并不是一开始就确立了春、夏、秋、冬四个季节的。早期的人们只把一年分为春秋两季，以春季为一年的开始，以秋季为一年的结束，即春季播种，秋季收获。在早期的文献中可以发现，人们习惯以"春秋"一词来代指一年，其实就是这个原因。《庄子·逍遥游》中就有"蟪蛄不知春秋"的说法。因为蟪蛄（蝉）这种昆虫的寿命非常短暂，根本不足一年，所以是"不知春秋"。

　　随着人们对季节变化的掌握，春秋二季不足以反映和记录季节的变化，故又逐渐在春秋之外增加了冬夏二季。而四季的分明一直到西周末期才得以实现，并且在很长一段时间里，人们对于四季的顺序的认知

还是春秋冬夏。《礼记·孔子闲居》中就有记载："天有四时，春秋冬夏。"一直至战国后期，人们才将四季的顺序确定为春、夏、秋、冬。

春夏秋冬四季都有了，但是如何来确定一个季节的开始与结束呢？为了确定四季的更替时间，人们又将二十八星宿按照东、南、西、北的方向分成了四组，即"四象"：东青龙、南朱雀、西白虎、北玄武。"四象"分别对应着春、夏、秋、冬四季，人们就根据这四象的位置来判断春、夏、秋、冬四季的更替。战国时期的《鹖冠子·环流》中记载，人们通过观察北斗七星的斗柄指向来判断四季的更替："斗柄指东，天下皆春；斗柄指南，天下皆夏；斗柄指西，天下皆秋；斗柄指北，天下皆冬。"通过星象与季节的结合，一年中四时的划分得以确定，这也为之后的节气的划分奠定了基础。

随着古代天文学的发展，春秋时期，人们已经从二分二至中又确立了"分至启闭"。《左传·僖公五年》中记载："凡分、至、启、闭，必书云物，为备故也。"杜预注："分，春秋分也；至，冬夏至也；启，立春立夏；闭，立秋立冬。"到战国末期时，立春、春分、立夏、夏至、立秋、秋分、立冬、冬至这八个节气的名称均已出现。成书于战国末期的《吕氏春秋》的《十二纪》篇中，已经完整记载了八个节的准确称谓。

四时八节的确立为二十四节气的最终确立搭建了基本的框架。后来人们在八节的基础上，又将每一节分为三气，直接发展成二十四节气。《周髀算经》中

记载有："二至者，寒暑之极，二分者，阴阳之和，四立者，生长收藏之始，是为八节，节三气，三而八之，故为二十四。"人们在二十四节气的基础上融入十二月纪，将节气发展到每月一节一气，一年十二节，十二气。大概在秦末汉初之际，完整的二十四节气才得以确立。

第二节　秦汉时期的节气

一、古四分历的创制与应用

中国古代的先民自从对时间有了认识之后，为了配合日常生产和生活的需要，一种根据天象而制定的历法诞生了。按照分类方法，根据太阳的运行规律制定的就是阳历，根据月亮的运行规律制定的就是阴历，而根据太阳和月亮的运行规律结合制定的就是阴阳历。二十四节气就属于阴阳历。

春秋末期至战国初期，出现了一种历法，它以365又1/4日为一回归年长度，以29又499/940日为朔策，并以十九年闰七为闰周来调整年、月、日周期。因其正好将一日四分，故称"四分历"，与"后汉四分历"相区分，也称"古四分历"。从春秋战国至秦朝时期制定的古六历❶就属于古四分历。

这里需要先解释一下年、月、日的概念。人们是先认识日，再认识月，再认识年的。在中国古代，人们通过昼夜的交替，形成了最早的"二时制"，即将一天分成两个时段，白昼和黑夜，这也就意味着先民们已经粗略掌握了"日"这个时间计量单位。与太阳

❶ 古六历为黄帝历、颛顼历、夏历、殷历、周历、鲁历，都是四分历，即一个回归年的时间为365又1/4日。

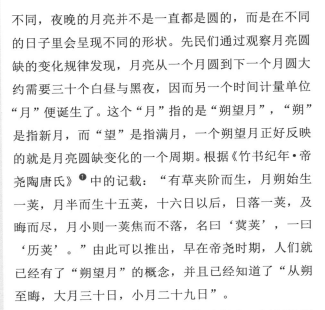

不同，夜晚的月亮并不是一直都是圆的，而是在不同的日子里会呈现不同的形状。先民们通过观察月亮圆缺的变化规律发现，月亮从一个月圆到下一个月圆大约需要三十个白昼与黑夜，因而另一个时间计量单位"月"便诞生了。这个"月"指的是"朔望月"，"朔"是指新月，而"望"是指满月，一个朔望月正好反映的就是月亮圆缺变化的一个周期。根据《竹书纪年·帝尧陶唐氏》**❶**中的记载："有草夹阶而生，月朔始生一荚，月半而生十五荚，十六日以后，日落一荚，及晦而尽，月小则一荚焦而不落，名曰'蓂荚'，一曰'历荚'。"由此可以推出，早在帝尧时期，人们就已经有了"朔望月"的概念，并且已经知道了"从朔至晦，大月三十日，小月二十九日"。

古代人们在从事农耕生产的过程中，逐渐发现大多数的农作物从播种到收成的周期远远超出了日与月，为了获取更好的收成，人们必须跳出以日和月计时的限制，掌握四季节气的变化及规律。因此，"四时"与"年"的概念进入了人们的视野。先民们注意到了天空中星星的位置并不是固定的，而且伴随着太阳升起和落下，星星在不同的时间段里也是不同的。人们由此发现，太阳在以星空为背景中进行着另外一种更加缓慢的周期运动，也就是太阳周年视运动。经过人们的观测，这一运动的周期约为 365 又 1/4 日，称一个太阳年（即回归年）。同时这一个太阳年与人们通过物候观察所掌握的四季变化周期长度差不多，这也为人们将节气与年的结合提供了基础。

与"年"具有相似意思的还有"岁"，都是表示

❶《竹书纪年》是晋国、魏国史官所著编年体通史，也是唯一留存的未经秦火的编年体通史。

一年。《尚书·尧典》中载："期，三百有六旬有六日，以闰月定四时，成岁。"西周时，是将"年"与"岁"的含义区分开来的。"年"指的是朔望月之数，即从正月到下一个正月为一年，分普通年和闰年，因而时间并不固定。"岁"指的是从冬至到下一年的冬至（或从夏至到下一年的夏至）的时间间隔，称为"一岁"，也称"岁实"，是精确的太阳回归年。年与岁的关系就是阴历的一年与阳历的一年的关系，虽然都是一年，但天数并不一致，无法一一对应，故而《周礼·春官》曰："正岁年以序事……"这里说的就是要调适年与岁的关系。"十九年闰七法"就是四分历所要求的调和年与岁（朔望月与回归年长度）的关系的必要条件。这一点将在后文中详细论述。

提到古四分历的创制，不得不提《汉书·律历志》❶中的《次度》。《次度》是一份古代天象实测记录，其翔实的天象记录，既体现了秦汉以前中国古代天文观测的高度和水准，也为古四分历法的创制提供了天象和时令的依据。根据我国学者张汝舟的考证，《次度》中保留的是战国初期的实际天象，其内容基本概括了观象授时的全部成果，它将日期的变更与星象的变化紧密联系起来，完美地结合了二十八星宿、二十四节气和十二月令的关系，实现了阴阳合历。其中所记载的冬至点在牵牛初度，"星纪。初斗十二度，大雪。中牵牛初，冬至（于夏为十一月，商为十二月，周为正月）。终于婺女七度"。这正符合古四分历创制的实际天象。而通过其将二十八星宿按照各自所占的天区划分得出的距度，可以得出一周天为365 又

❶《汉书·律历志》主要叙述音律、度量衡、历法及其与农业和日常生活的关系。

1/4 度，与一回归年 365 又 1/4 日相对应，这样正好每过一日，星宿西移一度。因此，依据星宿西移的度数便可以比较精确地推算出二十四节气中每一节气的日期。当然，这是在已经确立了二十四节气之后。

据考，我国古代创制最早的四分历是保留在《史记·历书》中的《历术甲子篇》（"古六历"虽然属于四分历，但其具体的创制时间存疑），在此之前，中国还处于观象授时的阶段，尚没有历法的创制，而古四分历（《历术甲子篇》）的创制与应用，不仅体现了我国在秦汉以前的高度的天象观测水平，也为后来的历法中补充入二十四节气奠定了基础。

二、刘安与《淮南子》

在《淮南子·天文训》中二十四节气的确定之前，《管子·幼官》中还有"三十时节"的记载。与二十四节气按照"四时"来划分不同，"三十时节"则是按照"五行"进行划分的，反映的是一年之中，每隔十二天气候的变化情况。二者既存在一定的对应关系，也有着较大的区别。从下文中将"三十时节"对应于"四时"的划分可以看出，其中出现了"清明""大暑""小暑""白露""大寒"等名称，与二十四节气中的名称相关，由此也可以确定其确实对二十四节气的形成产生了一定的影响。

春

地气发　小卯　天气下　义（养）气至

清明　始卯　中卯　下卯

夏

小郢（盈）　绝气下　中郢（盈）　中绝

大暑至　中暑　小暑终

秋

期（朗）风至　小酉　白露下　复理　始节

始卯　中卯　下卯

冬

始寒　小榆　中寒　中榆　寒至　大寒　大

寒终

二十四节气的完整版最早出现在西汉初期淮南王刘安组织编撰的《淮南子》一书中，其《天文训》篇中列出的二十四节气名称和顺序与现代的二十四节气基本一致。《淮南子》这本书的名字一开始叫《淮南鸿烈》，"鸿"有广大的意思，"烈"是光明的意思。刘安将此书命名为"鸿烈"，正是取其"广大而光明的通理"之寓意。同时，这本书也是刘安的私心之作，成书之后便将其献给了刚刚登基的汉武帝刘彻，本意就是希望汉武帝能够采纳自己在书中提倡的无为而治的政策，以保住自己的封地和既得利益。但此时的汉武帝已有自己的宏伟谋略，通过加强中央集权，削弱各诸侯国封地对自己的威胁，从而彻底实现政治、思想上的大一统。因此，汉武帝在拿到刘安献上的《淮南鸿烈》后"上爱"而"秘之"，即表面上汉武帝向刘安表达了对此书的喜爱，但在实际行动中却将此书束之高阁了。

直到西汉成帝时期，朝廷开展了一次大规模的图

书修订整理工程，刘向奉命整理各种图书，才将尘封已久的《淮南鸿烈》取出，并将其与刘安的其他著作编在一起，并取了一个新的书名，即《淮南》。西汉刘歆所著、东晋葛洪辑抄的《西京杂记》把"淮南""鸿烈"两名合并题为"淮南鸿烈"，指出该书又号《淮南子》《刘安子》，这是《淮南子》一书始称"子"的开端，《淮南子》因此而成。

《淮南子》原书中有内篇二十一卷，中篇八卷，外篇三十三卷，其中内篇的《天文训》篇，第一次完整且科学地记录下了二十四节气的名称、顺序及运行体系："两维之间，九十一度十六分度之五，而（升）［斗］日行一度，十五日为一节，以生二十四时之变。斗指子，则冬至，音比黄钟。加十五日指癸，则小寒，音比应钟。加十五日指丑，则大寒，音比无射。加十五日指报德之维，则越阴在地，故曰距日冬至四十六日而立春，阳气冻解，音比南吕。加十五日指寅，则雨水，音比夷则。加十五日指甲，则雷惊蛰，音比林钟。加十五日指卯，中绳，故曰春分，则雷行，音比蕤宾。加十五日指乙，则清明风至，音比仲吕。加十五日指辰，则谷雨，音比姑洗。加十五日指常羊之维，则春分尽，故曰有四十六日而立夏。大风济，音比夹钟。加十五日指巳，则小满，音比太蔟。加十五日指丙，则芒种，音比大吕。加十五日指午，则阳气极，故曰有四十六日而夏至，音比黄钟。加十五日指丁，则小暑，音比大吕。加十五日指未，则大暑，音比太蔟。加十五日指背阳之维，则夏分尽，故曰有四十六日而立秋，凉风至，音比夹钟。加十五日

指申，则处暑，音比姑洗。加十五日指庚，则白露降，音比仲吕。加十五日指酉，中绳，故曰秋分。雷戒，蛰虫北乡，音比蕤宾。加十五日指辛，则寒露，音比林钟。加十五日指戌，则霜降，音比夷则。加十五日指蹄通之维，则秋分尽，故曰有四十六日而立冬，草木毕死，音比南吕。加十五日指亥，则小雪，音比无射。加十五日指壬，则大雪，音比应钟。加十五日指子，故曰阳生于子，阴生于午。阳生于子，故十一月日冬至，鹊始加巢，人气钟首。"

由此可知，在节气的名称上，除了将"惊蛰"称为"雷惊蛰"、"清明"称为"清明风至"、"白露"称为"白露降"，其他节气与现代的二十四节气名称是一模一样的。在节气的测定方式上，古人是依据北斗七星的斗柄运行指向来确定四时和节气的，以斗柄运行十五日为一个节气，将全年分为二十四个节气。因为"两维之间"是 91 又 5/16 度，全年共分四维，则斗柄运行一个周期年为 365 又 1/4 度，且又因"斗日行一度"，则二十四节气全年为 365 又 1/4 日。与十五日为一个节气相比，正好又多出了 5 又 1/4 日。

那么，如何解决这多出来的 5 又 1/4 日（约等于5 日）呢？由于一年按照冬至到立春、立春到立夏、立夏到夏至、夏至到立秋、立秋到冬至正好能分为五个时段，《淮南子》的编者就把这多出来的 5 日分配到了每个时段后面。因而冬至后过 46 天才是立春，而不是 45 日，其他时段也是如此。这种划分虽然十分粗疏，但也算将二十四节气与一个太阳回归年的日期较合理地对应起来了，二十四节气的初代版本正式

形成。

三、汉武帝与《太初历》

（一）《太初历》的颁行

虽然早在汉代以前的历法，就是依据天象、物候等进行制定的，也出现了各种节气的概念，《淮南子》一书更是收录了完整的二十四节气，但节气与历法始终没有真正联结到一起。命运多舛的《淮南子》却一直被束之高阁，无人问津。直到公元前104年，《淮南子》中的二十四节气才迎来转机，第一次作为补充历法而被纳入新历法中。这部历法就是《太初历》。

❶《颛顼历》，中国古代历法之一。颛顼是个有谋略、晓事理，善于创造财富的人，他能够按天象划分年历四季。在之前，治历原则为物候观测，《颛顼历》第一次明确了以天象观测为重点的治历原则，科学安排出一年的节气。颛顼也被尊为"历法之宗"。

汉代初期，朝廷所用的历法基本上都是沿用了秦朝以来的《颛顼历》❶，这一历法由于年代久远，出现的误差越来越大，已经越来越不适用于指导当时的农事生产。于是，元封七年（前104），经公孙卿、司马迁等人提议"历纪坏废，宜改正朔"，汉武帝诏令公孙卿等人"议造汉历"。

议造汉历是国家级别的大事件，当时朝廷征召了全国著名的天文学家参与，有官方的也有民间的，组成了一个二十余人的改历团队。各位专家们聚在一起，既各展所长，又分工协作，制定出了十余部待选历法。最后，经过严格的筛选，由邓平等制定的改历方案被选中。同年五月，汉武帝举办了盛大的典礼，改年号元封为太初，颁布新历法，称《太初历》，又因其是将一日分为八十一份，故又称《八十一分律历》。

《太初历》最大的历法特征就是吸收了《淮南子》

中二十四节气的部分来补充历法，这是中国古代第一次将节气写入历法中，并且这一做法被后世的历法编订所承袭，一直沿用至今。虽然《太初历》只实行了188年，但这一改制对后世历朝历代的历法编订都产生了重大影响，在中国的节气发展史上具有划时代的重大意义。

（二）岁首与节气之首

岁首，即"一岁之始"，也就是作为一年的开始（正月）的那个月，又称"年始"。按照现代的农历，是以农历一月为岁首（正月），但在一开始，岁首的月份并不是固定的。

中国古代有"三正"的说法，即是说夏商周三代历法中的岁首各不相同。《尚书大传》中载："夏以孟春月为正，殷以季冬月为正，周以仲冬月为正。"《史记·历书》中也有记载："夏正以正月，殷正以十二月，周正以十一月。"这就是说，夏历的岁首是一月，也就是以寅月为正月；殷历的岁首是夏历的十二月，也就是以丑月为正月；周历的岁首是夏历的十一月，也就是以子月为正月。

战国时期，各国所用的历法也有不统一的情况，比如当时流行的"古六历"，不仅名称不同，使用的地区也不同，而且有的岁首也不同。六种历法中有四种岁首：夏历建寅，以孟春之月（夏历正月）为岁首；殷历建丑，以季冬之月（夏历十二月）为岁首；黄帝、周、鲁三历建子，以仲冬之月（夏历十一月）为岁首；颛顼历建亥，以孟冬之月（夏历十月）为岁首。

❶ 由我国东汉时期的历史学家班固编撰。记述汉武帝刘彻在位五十四年的大事。

秦朝统一全国后，仍然沿用秦国的历制，施行《颛顼历》，以孟冬之月（夏历十月）为岁首。《史记·秦始皇本纪》载："改年始，朝贺皆自十月朔。"西汉初期，也是承袭秦历，以孟冬之月（夏历十月）为岁首。直到公元前104年，汉武帝颁布新历《太初历》，才将岁首定为了夏历正月。《汉书·武帝纪》❶中载："夏五月，正历，以正月为岁首。"颜师古注："谓以建寅之月为正也。未正历之前，谓建亥之月为正。"自此之后，虽然历朝历代都不断有新历颁行，但以夏历正月为岁首的历制却基本没有改变，除了个别短暂的时期，岁首的月份改变，直至现代的农历，也是以夏历正月为岁首。

与岁首的争议类似，二十四节气的气首不是固定的，并且直至今天，人们关于到底是以冬至还是以立春为节气之首的争论依然没有达成一致。在《淮南子·天文训》中记载的二十四节气的气首就是冬至，中国古代最先确定的节气也是冬至，然后再由冬至推算出了其他节气，因而以冬至作为节气之首似乎更符合中国节气发展的历史。另外，我国2017年发布的《农历的编算和颁行》（GB/T 33661—2017）国家标准中，也是以冬至作为二十四节气之始的。

但是，现代人们通常认为的二十四节气之首却是立春。一方面是因为人们长久以来受到《太初历》将正月作为岁首的影响。《太初历》不仅明确了二十四节气的天文位置，首次正式将二十四节气制定于历法，而且将原来以冬十月为岁首恢复为以夏历正月（农历一月）为岁首，并以没有中气的月份为闰月。立春刚好就是正月的节气，雨水为正月的中气。不过这一点也并不精确，因为在传统的历法中，各个月份的月名是由中气决定的，所以就会出现某年无立春或有两个立春的情况，但这对人们以立春为气首的认知并没有太大的影响。另一方面，在实际的农事安排中，以立春为气首的节气顺序也正好符合了人们春种、夏忙、秋收、冬藏的农耕节奏，这极大地满足了人们在农业及畜牧业生产安排方面的需求。例如，为了方便人们记忆节气的《节气歌》就是按照立春为节气之首而进行编制的。

事实上，节气之首的争论并没有对错，只是依据的标准不同。如果依据的是我国古代历法的传统，则当以冬至为二十四节气之首；如果依据的是建寅历法中月序与节气的关系，则当以立春为二十四节气之首；如果依据西方的黄道坐标系而论的话，则又当以春分点为二十四节气的起点。但现代人们普遍认同的且在农业生产实践中适用性更强的依然是以立春作为二十四节气之首。

四、四分历与置闰

西汉绥和二年（公元前7年），由刘歆制定的《三统历》正式实施。《三统历》是刘歆在《太初历》的基础上，结合董仲舒的"三统说"❶，再作了一些补充而制成的，命名为《三统历》。《三统历》虽为新历，但其主体部分仍然是《太初历》，直至东汉章帝元和二年（85年）被四分历所取代。

《太初历》采用的是邓平的八十一分法，此法粗

❶ "三统说"是西汉时期董仲舒在《春秋繁露》一书的《三代改制质文篇》中提出的黑、白、赤三统循环的神秘主义历史观。他认为，每个相继的朝代都要改正朔，易服色，就起居饮食和制度的具体形式作一些改变，自成一统，以应天命。

于四分，使用时间久了必然与天象不符。《后汉书·律历志》载："至元和二年，《太初》失天益远，日月宿度相觉浸多，而候者皆知冬至之日日在斗二十一度，未至牵牛五度，而以为牵牛中星，后天四分日之三，晦朔弦望差天一日，宿差五度。章帝知其谬错，以问史官，虽知不合，而不能易。故召治历编䜣、李梵等综校其状，二月甲寅遂下诏。"于是，四分历开始施行。

四分历也称"后汉四分历"，与春秋末期的"古四分历"相区分。在古四分历时，人们就已经发现了朔望月（阴历）与太阳回归年（阳历）并不一致，也就是前文中所说的"年"与"岁"的调适关系。宋代科学家沈括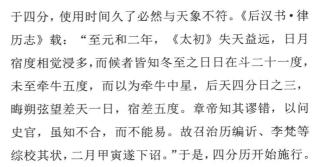在其著作《梦溪笔谈》中也指出了中国历法中存在节气与朔矛盾、岁与年错乱等问题。可见，这一问题一直是历代治历者最为头疼的问题。

那么，如何调适年与岁的关系呢？那就是置闰。通过补天数的方式让年与岁的天数一致。例如在《淮南子·天文训》中就是以十五天为一个节气，共生成二十四个节气，即 15 天 / 节 ×24=360 日。但由于一个回归年计为 365 又 1/4 日，如果按照十五天一个节气来划分的话，每年就会有 5 又 1/4 日的时间多出来。在古代，为了解决这多出来的 5 又 1/4 日，人们将夏至作为大年，每年过三天，又将冬至规定为小年，每年过两天，剩下的 1/4 则采取四年赶一天的办法，规定每四年就在冬至节加一天，即每四年逢"一闰"。

事实上，一开始人们只能依据观测天象来安插闰月，置闰并不是有规律的。人们的置闰方式十分随意，一般都是在发现季节与月令差异较大时，就直接通过

❶ 沈括（1031—1095），字存中，号梦溪丈人，汉族，杭州钱塘县（今浙江杭州）人，北宋官员、科学家。其代表作《梦溪笔谈》被称为"中国科学史上的里程碑"。

置闰来解决，有时甚至一年里有两闰，即十四个月。直到比较精确地确定了回归年后，人们才比较精确地掌握了年与岁之间的调适关系。例如《说文》中就有解释："闰，余分之月，五岁再闰也。"这种"三年一闰，五年再闰"的置闰法是比较古老的，而十九年闰七法就相对精确一些了。虽然早在春秋末期，人们就已经掌握了十九年闰七的规律，但直到"后汉四分历"时，才明确规定了"十九年闰七"。中国古代称这一置闰周期为"章"。《后汉书·律历志》载："岁首，至也；月首，朔也；至、朔同日谓之章。"也就是说，采用十九年闰七法，"年"与"岁"便能相合。

后汉四分历的岁实和朔策与"古四分历"相同，都是一回归年等于 365 又 1/4 日，1 朔望月等于 29 又 499/940 日。按照四分历的规定，月亮绕地球一周（一个朔望月）是 29 又 499/940 日，那么纯阴历的十二个月（一年）就是 29 又 499/940 日 ×12=354 又 87/235 日，与地球绕太阳一周（一回归年）的天数 365 又 1/4 日相差约 11 天，必须通过置闰的方式才能实现"年"与"岁"的调和。于是，按照十九年闰七法，则是（19×12）+7=235 月，总天数为 29 又 499/940 日 ×235 ≈ 6939 又 3/4 日，与 19 个回归年的总天数 365 又 1/4 日 ×19=6939 又 3/4 日正好相等。

但事实上，按照现代比较精确的观测和科学推算，两者之间仍然有差距。月亮绕地球一周平均为 29.53059 日，而地球绕太阳一周为 365.242216 日。那么，依据十九年闰七法，则纯阴历的十九年总天数为 [（19×12）+7]×29.53059 日 =6939.68865 日，与十九个

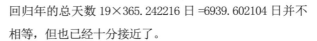

回归年的总天数 19×365.242216 日 =6939.602104 日并不相等，但也已经十分接近了。

后汉四分历中明确规定的"十九年闰七法"使得年与岁的关系得到了较大的调和，如果从春秋末期计算，这一置闰方法一直沿用了千年，直至北凉赵𫖮[1]在《元始历》中提出 600 年中有 221 个闰月的新闰法，才再次调整了年与岁的关系。后来祖冲之在赵𫖮的理论基础之上又提出了 391 年有 144 个闰月的新闰法，他的闰周的精密程度较赵𫖮更高，使得年与岁之间的差距也更加接近。

第三节　魏晋南北朝时期的节气

一、"平朔"与"定朔"之争

定朔与平朔相对应，二者都是我国古代历法中的重要因素。我国古代的历法主要采用的是阴历或阴阳历，但无论是阴历还是阴阳历，都必然有朔望月作为计算的常数。朔望月是指月球绕地球公转相对于太阳的平均周期，即月亮的圆缺变化的周期。我国古代先民将月亮在星空中随着自东向西的位置变化而产生的从缺到圆的各种形状的变化称为"月相"，即月亮相位的变化。人们将月相变化的周期称为"朔望月"，也称"太阴月"，古称"朔策"。人们将完全看不到月亮的一天称为"朔日"，即阴历每月的初一，这一天的日、月几乎同时出没，月球和太阳的黄经相等；又将月亮最圆的一天称为"望日"，即阴历每月的十五（大月为十六），这一天的月球和太阳的黄经相

❶ 历法家，412 年创作《元始历》，打破了章岁的限制，规定在六百年中间插入二百二十一个闰月。

差 180 度。

朔望月作为基本的时间单位，它是连接两次朔或两次望之间的时间。古代先民们发现，月亮的圆缺变化是有一定规律的，并且经过观测得出，从一次月圆到下一次月圆所经历的时间大约是三十天。因此，古代历法中规定的朔望月的平均日数为 29 又 499/940 日，以大月为 30 日，小月为 29 日，大小月轮流交替。这种推算方法所得的朔日称"平朔"。

但在实际情况中，月行速度在一个近点月内时时变动，日行速度在一回归年内也有迟疾，因此，日月合朔就未必在平朔这一天内。虽然通过大小月的方式进行了协调，但其与天象并不相符，对于日月食的发生时刻的推算也不准确。据历史记载，日食的发生有在上月的晦日的，也有在本月的初二的。

南朝刘宋的天文学家何承天在编订《元嘉历》❶时，就曾主张废除平朔，采用定朔。公元 443 年，何承天上表称："月有迟疾；合朔、月食不在朔望，亦非历意也。故元嘉皆以盈缩定其小余，以正朔望之日。"

采用定朔法的好处就在于，将日月黄经相等的时刻定为"朔"，将日月黄经相差 180 度的时刻定为"望"，这样日食就一定发生在朔日，月食也一定发生在望日，朔望与天象不符的矛盾就可以解决。但是，当时的人们已经习惯了平朔法，思想守旧的有势者更是无法接受定朔法导致的四个大月相连和三个小月相连的情况，于是坚决反对使用定朔法，何承天采用定朔法的想法最终没有实现。后来的刘孝孙、刘焯等人都在历法中建议使用定朔，尤其是刘焯，他在制定《皇

❶ 何承天自幼跟着舅父徐广学习历数知识，积累了丰富的实测资料，终于完成《元嘉历》的编订。创立定朔算法，利用月食测定冬至日太阳位置，都是《元嘉历》的创新之处。

极历》时不仅采用了定朔法，还考虑了祖冲之的岁差法，独创了一种等间距二次内插法，使历法的科学程度大大提高，但最终因为张胄玄等人的反对而被弃用。

唐代以前，历朝历代的历法中都采用平朔法，导致人们只知道月有一大一小，而不顾历法的精确性和科学性。虽然何承天、刘焯等人已经发现了问题并给出了定朔法这一正确解决办法，但由于时人的墨守成规，导致新法始终未能施行。唐武德二年（619），在沿用了数千年的平朔法后，定朔法终于迎来了它的机遇。道士傅仁均因"善历算、推步之术"被唐高祖召令修订旧历，为了改正平朔法导致的历法缺点，决定采用定朔法，制定了《戊寅历》，这是我国历法史上的一次大改革。

《戊寅历》是中国古代第一部由朝廷颁布施行的采用定朔法的历法，但才施行不久，就被《麟德历》所取代。原因是贞观十九年九月以后，按照《戊寅历》的排法，出现了有四个月连续是大月的现象，这在当时的历学家们看来是极反常的异象，最后受到多方攻击的《戊寅历》不得不被停用。麟德二年（665），唐高宗颁行《麟德历》，平朔法再次取代了定朔法。

为了解决出现连续四个大月或三个小月的问题，《麟德历》采用了一种独创的"进朔法"。李淳风在编《麟德历》时，参考了刘焯❶的《皇极历》，再用"定朔"，但并不是严格意义上的定朔法，而是根据朔日余数的具体情况，将朔日上退一日或下推一日，使得相应的大月变成小月或小月变成大月。这是因为，如果按照平朔法，虽然可以出现规则的一大一小月，却

❶ 刘焯（544—610），字士元，信都昌亭（今河北武邑县）人。隋代学者、天文学家。

与天象不符，日月合朔总是比实际上早一天或晚一天。而李淳风采用了"进朔迁就"的方法就可以解决这一问题。这种变通的方法使得指责定朔法的人也失去了口实，只好接受，这一办法一直沿用到了元代。

二、岁差与节气位置的变动

（一）岁差的发现

公元 330 年，我国古代天文学家虞喜❶独立发现了岁差。《宋史·律历志》载："虞喜云，尧时冬至日短星昴，今二千七百余年，乃东壁中，则知每岁渐差之所至。"我国古代十分注重冬至点的测定，上古时候，人们就通过测定昏旦中星，推算夜半时刻中星的位置，来确定太阳在星空中的位置。虞喜通过测定，发现自己所处时代的冬至点中星的位置，与唐尧时代所测得的中星的位置不一样，由此推算出冬至点每一年的位置都有差异，岁差之名也由此而来。

由于地球在运行过程中，受到其他天体的引力作用，赤道与黄道的交点不断地改变，而这一交点每年移动的值就是"岁差"。根据现代的实测，冬至点在黄道上大约每年西移 50.24 秒，也就是 71 年 8 个月差一度，按照中国的古度就是 70.64 年西移一度。

由于这一移动的角度非常微小，以至于一直未能引起古人的注意。其实，早在公元前 7 年，西汉刘歆在编订《三统历》时，就曾对冬至点的位置产生过怀疑，但未意识到冬至点的改变，更没有发现岁差的存在。东汉的贾逵根据实测，发现战国时代记载的冬至

❶ 虞喜（281—356），东晋经学家、天文学家。字仲宁。会稽余姚（今属浙江）人，有《安天论》《志林》等著作。

点在牵牛初度的位置并不准确，当"在斗二十度四分度之一"。但是，贾逵也没有意识到这是冬至点在西移，也没有发现岁差的存在。

直到晋代的虞喜才发现了岁差的存在，并测定自唐尧至其所处的时代的两千七百多年间，冬至黄昏中星已经过了 53 度的变化，从而得出的结论是冬至点每 50 年西移 1 度。这一点在《大衍历·历议》中有记载："其七《日度议》曰：古历，日有常度，天周为岁终，故系星度于节气。其说似是而非，故久而益差。虞喜觉之，使天为天，岁为岁，乃立差以追其变，使五十年退一度。"

虽然虞喜已经发现了岁差，但并未将其应用于历法制定之中，真正将岁差这一概念引入历法的是南北朝时期的祖冲之。祖冲之继承和发展了虞喜的测定方法，依据大量的历史资料研究推算，使岁差的测定方法发展成熟。他将自己"参以中星，课以蚀望，冬至之日，在斗十一"，与姜岌测定的冬至点在斗十七的结果相比较，认为"通而计之，未盈百载，所差二度"。由此得出岁差值为 45 年 11 个月差一度。祖冲之测算出来的岁差值与实际上的岁差值相差较大。隋代刘焯的《皇极历》中，则将岁差改为 75 年差一度，比虞喜和祖冲之测算的岁差值都更加精确，也更接近于实测值。这一岁差值也被唐宋在历法制定中所沿用。到了元代的《授时历》时，岁差值已经精确到了 66 年 8 个月差一度。

（二）节气位置的变动

岁差的存在直接导致的后果就是冬至点的变动。每一年的冬至点都没有回到原来的位置上，而是岁岁西移，这也导致了二十四节气位置的变动。不过，在中国古代，人们制定历法时需要符合天象，对日食、月食的准确性尤其重视。因此，中国的历法每过一段时间就要修订，而在岁差被发现后，自祖冲之的《大明历》始，后世的治历者在每一次修订历法时都会考虑岁差的问题。岁差值越来越精确，也使得二十四节气位置推算更精确，相应的交节时间点也越来越精确。

"节"和"气"在古代是分开的，分为"节气"和"中气"，直到现代才将二者统称为"节气"。中国古代将一年称为一岁，一岁又分为十二个月，每月有两个节气，一个在前半月的月初，俗称"节气"，一个在后半月的月中，俗称"中气"。在农历中，平年每月也是两个节气，一个节气，一个中气。但是因为在二十四节气中，节气是跟着太阳年走的，和朔望月并没有什么关系，因而就会出现二十四节气的位置不固定，每个月的节气都不一样，若遇到农历闰年的闰月就只有一个节气，没有中气。

除了二十四节气在天文学上的位置变动外，其名称的顺序也曾发生变动。众所周知，二十四节气的二十四个名称并不是一开始就确定的，它们的排序也不是一开始就和现代的顺序一样，而是在其形成的过程中经过变化才最终确定的。前文中已经提到，在《淮南子》的记载中，除了将二十四节气中的"惊蛰"称为"雷惊蛰"、"清明"称为"清明风至"、"白露"

称为"白露降"外，其他节气的名称与现代是一样的。但"惊蛰"的古称原是"启蛰"，因为西汉第六位皇帝刘启继位后，人们为了避讳，才将"启蛰"改为了"惊蛰"。并且二十四节气中的"启蛰"一开始是排在"雨水"前面的，汉代人们将"启蛰"改为"惊蛰"，《月令》以及汉代的历法都将"惊蛰"排在了"雨水"之前，后来人们又把"雨水"调换到了"惊蛰"的前面，形成了现代的二十四节气的顺序。据传是因为"惊蛰"是"惊雷动而蛰虫出"的意思，但古人发现正月里的天气多为下雪天，打雷的天气实在太罕见了，而二月则比较常见下雨天，多春雷，所以才将"惊蛰"移到了二月里。

第四节　隋唐时期的节气

一、刘焯与"定气法"

（一）刘焯与《皇极历》

《淮南子·天文训》中载："日行一度，十五日为一节，以生二十四时之变。"人们将地球绕太阳走完一个节气固定为十五天，将一年平分为二分二至，得出春分到夏至、夏至到秋分、秋分到冬至、冬至到春分之间分别相距 91 天多。但由于地球公转的速度是变化着的，地球绕太阳走完一个节气的时间实际上并不是固定的十五天。到了魏晋南北朝时，这一问题被北齐的天文学家张子信发现了。

《隋书·天文志》中记载，张子信"学艺博通，

尤精历数"，为了躲避当时的葛荣之乱，曾隐居海岛三十多年，潜心观测研究天文历法。在这么多年"专以浑仪测候日月五星差变之数"中，张子信发现了"日行在春分后则迟，秋分后则速"，即地球在运转到近日点前后时速度较快，而运转到远日点附近时则慢一些。经过张子信的观测与推算，他发现太阳从冬至运行到春分所经历的时间为 88 天多，而从夏至运行到秋分所经历的时间则为 93 天多。同时，他还给出了二十四节气时的日行"入气差"，即视太阳实际行度与平均行度之差。虽然在现有史料的记载中，张子信的研究成果并未被编成新历法，但这一差度的发现及其计算方法却对后世的张胄玄、刘孝孙、刘焯等人都产生了巨大的影响。

公元 581 年，北周最后一个皇帝静帝禅位于丞相杨坚，北周覆亡，隋朝建立。杨坚作为隋朝的开国皇帝，很快就实现了南北统一，开创了辉煌的"开皇盛世"。新王朝的诞生必然伴随着新的历法颁布。公元 584 年，隋朝开始颁布并施行张宾修订的《开皇历》。其实，《开皇历》是道士张宾为了迎合隋文帝杨坚想要以"符命耀天下"的愿望，而在南朝何承天的《元嘉历》的基础上损益而成。

新历颁布后，刘孝孙 ❶ 和河北冀州秀才刘焯对新历法提出了异议。二人直指制历者张宾比之南朝何承天是"失其菁华，得其糠秕"，历数《开皇历》中的谬误，指出其"不用破章法，不考虑岁差，不知用定朔，不会计算上元积年而立五星别元等事"。由于当时隋文帝刚刚称帝不久，急需借助新历法来巩固自

❶ 刘孝孙（？—641），字德祖，荆州（今湖北江陵）人。隋末为王世充弟王辩行台郎中。

己的统治，再加上其对张宾十分信任，因此刘孝孙二人的正确意见并未对新历法的施行产生任何影响。并且由于二人对新历法提出异议而得罪了张宾等人，直接被冠以"率意迁怪""惑时乱人"的罪名，赶出了京城。刘焯更是被革除功名，被迫回到了家乡。

刘焯回到家乡后，从此潜心研究学问，教书育人。其间，刘焯曾获悉张胄玄受到重用，将主持编订新的历法，于是将刘孝孙的历法稍作修改，改名为《七曜新术》，上报朝廷。但因《七曜新术》与张胄玄 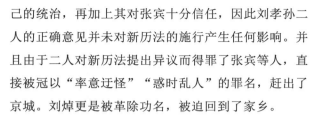的历法冲突较多，刘焯受其压制。直到公元 600 年，隋文帝命令太子杨广主持历法工作，刘焯才应杨坚征召天下历算之士再次来到京城。刘焯的这一次归来，还带来了他钻研多年的心血之作《皇极历》。

刘焯的《皇极历》较先前的旧历，吸取了张子信关于太阳视运动不等速的观点，并发明使用了等间距二次内插法，使其对日月五星运行的推算较先前的历法都更加精密，是一部具有革新精神和科学价值的创世之作。《皇极历》的诞生也是中国古代历法改革中的一次大变革。同时，刘焯还将定朔法、定气法和躔衰法（即日行盈缩之差）应用于《皇极历》中，他发现："有日行迟疾，推二十四气，皆有盈缩定日。春秋分之定日，去冬至各八十八日有奇，而离夏至各九十三日有奇。"刘焯认为二十四节气都应该有"定日"，于是改革了二十四节气的划分方法，废除传统的"平气法"，改用新创的"定气法"，这是开后世之先的一次创举，也让二十四节气的推算更加精确。但因保守派的反对，《皇极历》最终没能颁行天下，

❶ 张胄玄（生卒年不详），渤海郡蓨县（今河北省景县）人。隋朝天文学家。博学多通，精于术数。

其较先进的划分二十四节气的方法"定气法"也未能真正应用。

（二）平气法与定气法

所谓"平气法"，就是将一个太阳回归年的时间平均分成 24 份，每一份对应一个节气，刚好二十四个节气。因此，平气法也称恒气法。这一划分方法的来源最早可以追溯到《淮南子·天文训》，它将二十四节气平均分配到一个回归年内，一个节气 15 天，没有繁复的推算，简洁明了。但这种划分方式也会出现一个问题，即每个节气实际并不是刚好 15 天整。并且，《淮南子·天文训》为了解决这一问题，并不是每一个节气都完全平分成了 15 天，而是按照冬至后 15 天为小寒，小寒后 15 天为大寒，大寒后 16 天为立春……如此排算二十四节气。最后计算出来的一年的天数为（15+15+16+15+15+15）×4=364（天），比一个太阳回归年的时间少了 1 又 1/4 天。后来，人们就索性将一个太阳回归年的时间即 365 又 1/4 日平均划分到二十四节气上，每个节气便是 365.25÷24=15.21875（天），这样一来，二十四节气的总数和全年的时间就没有冲突了。这种完全均等地划分时间的方法就是所谓的"平气法"。

采用平气法的好处在于它推算方式干脆利落，简单易行。虽然在实际历法的编纂中会产生不准确性，但人们也想出了应对之法，即先用冬至确定起始点，再用平气法进行节气的推算，并且用实际观测的冬至、夏至对节气进行修正，以确保历法的正确性。这

也是我国古代每隔一段时间就要进行历法修订的原因之一。

但是，采用平气法划分出来的节气毕竟是不准确的，因此，随着天文学的发展，人们又发现了一种新的划分方法：平分黄道。也就是刘焯在《皇极历》中采用的"定气法"。刘焯将黄道 360 度平均划分为 24 等份，也就是将每个节气划分为了 360 度 ÷24=15度。以太阳在黄道上的运行轨迹为准，自冬至开始，太阳每运行 15 度，就规定一个分点，交一个节气，由此，二十四个节气就表示地球在绕太阳公转轨道上的 24 个不同的位置，而在每个节气中，对应公转走过的角度也都是相等的 15 度。这种划分的方法也被称为"定气法"。

"平气法"采用的是平分全年的时间，"定气法"采用的是平分太阳的运行角度，它可以更加准确地反映二十四节气里太阳在黄道上的位置，即二十四节气有"定日"。此外，刘焯的《皇极历》还在新的二十四节气的划分方法上，创立了等间距二次内插法，将各个节气内每日太阳运动速度按等差数列变化，得出各日太阳实际行度与平均行度之差是一个等差级数之和，并且给出了完整的太阳视运动不均匀改正数值表，即日躔表。

《皇极历》作为当时较先进的历法，虽然没有能够被统治者所采用，但刘焯的历法思想却得到了民间天文研究者的钦佩，也为后世历法编订者提供了重要参考。唐代李淳风❶就是依据刘焯的历法思想编订了《麟德历》，一行的《大衍历》中也将刘焯的等间

❶ 李淳风（602—670），道士，岐州雍县（今宝鸡市凤翔区）人。唐代天文学家、数学家、易学家，精通天文、历算、阴阳、道家之说。

距二次内插公式发展成了不等间距，清代的《时宪历》正式采用了《皇极历》中提出的精确划分二十四节气的"定气法"思想。总之，刘焯的《皇极历》虽然没有正式施行过，但其先进的历法思想让二十四节气的时间计算更加精准和完善，开创了二十四节气由平气法向定气法的过渡。

二、一行与《大衍历》

到了唐代玄宗时期，又出现了一名天文学天才，名叫一行 ❶，是一位僧人。一行本名张遂，祖上是唐王朝的开国功臣，到武则天时，家道中落。张遂二十岁时曾在长安求学，那时已颇有名气，但因不屑与权贵为伍，在嵩山落发为僧，佛号"一行"，自此潜心研究学问，多次受到官府招募而不就。后来一行遍游天下，学习各种学问，尤其对气象学的研究十分有心得，以至于在登封民间还流传有"一行管天"的故事。

公元 717 年，一行受到唐玄宗的招募，到朝廷任职。任职期间，一行一边为唐玄宗安邦治国建言献策，一边钻研佛学，同时还致力于天文历法的研究。公元721 年，由于现行的历法《麟德历》在测量日食、月食的时间上频频出现偏差，唐玄宗便将改历之事提上了日程。在众多精通历法的学者中，唐玄宗最终任命一行来主持编修新的历法，足见一行在天文历法方面的造诣之深。

一行认为编历必须建立在实测的基础之上，因此在接到重修历法的重任后，他首先邀请梁令瓒 ❷ 主持制作"黄道游仪"与"水运浑天仪"。公元 723 年，

❶ 一行（683—727），唐朝僧人。唐朝著名天文学家和释学家，本名张遂，谥号"大慧禅师"。一行少聪敏，博览经史，尤精历象、阴阳、五行之学。

❷ 梁令瓒，唐代画家、天文仪器制造家。蜀（今四川）人。工篆刻绘画，尤擅人物。北宋李公麟称其画风似吴道子，存世作品有《五星二十八宿神形图》。

黄道游仪制成，这架仪器的黄道并不固定，可以在赤道上移位，以符合岁差现象。公元 724 年，为了给新历法的制定提供更加精确的监测数据，在一行的组织下，我国历史上第一次大规模的天文大地监测活动顺利展开。其中，以南宫说亲自率领的测量队在河南所做的一组观测成就最大，得出大约三百五十一里八十步，北极高度相差一度的结论。这实际上给出了地球子午线一度的长度。这次大规模的观测，一行用实测数据彻底否定了传统理论中"日影一寸，地差千里"的说法。

与此同时，一行还关注到了西方历法中的有用成分，他组织并翻译了有关印度天文学的著作，在新历法的制定中也吸收了《九执历》❶的先进历算成果。《九执历》中将周天度数分为 360 度，明显区别于中国古代历法中传统的 365 又 1/4 度的体系。一行在新历的编订中，借鉴了《九执历》中 360 度的分度划分，并在其月亮极黄纬表格中采用了 360 度制，但在有关周天数以及黄白道度数的换算中，依然以传统的 365 又 1/4 为基数来划分。虽然一行在新历的编订中采用了两套分度体系，但由于当时强大的守旧势力，一行在新历中的绝大部分的计算仍然使用传统的 365 又 1/4 度，源于西方的周天 360 分度体系并未能被接受。

公元 729 年，《大衍历》颁行于世。一行的《大衍历》对二十四节气的确定较刘焯有了较大进步。一方面，一行在积累了大量的实测数据后认为，太阳运行速度在冬至附近最快，以后逐渐变慢，夏至时最慢，之后又逐渐增快，到冬至又为最快。同时，由于冬至

❶《九执历》原为印度历法，唐代传入中国，开元六年（718）由瞿昙悉达译成中文。原文今见《开元占经》一百零四卷。九执是指日、月、五星，再加罗睺、计都二暗曜。

附近日行速度最快，故二气间运行所需时间最短，夏至附近日行速度最慢，故二气间运行所需时间最长。由此，一行将一年中的二十四节气分为四段，秋分至冬至、冬至到春分，都是 88.89 天；春分到夏至、夏至到秋分，都是 93.73 天，每段都各分成六个节气。这一划分较刘焯的划分方法更加科学，也更接近于通常所称的"定气法"。另一方面，源于西方的周天 360 分度体系第一次在中国历法中被借鉴使用，这也使二十四节气越来越接近现代版本。此外，"七十二候"第一次作为补充历法被引入了《大衍历》之中，这一做法被后代的历法所沿袭。《大衍历》作为"唐历之冠"，在中国历法体系中具有里程碑的意义，其对中国节气体系的发展与完善，尤其是二十四节气的精确测定同样具有里程碑的意义。

第五节　宋元明清时期的节气

一、《统天历》对节气测算的重要意义

　　宋代前前后后修改了十九次历法，是我国历史上改历十分频繁的朝代，一方面是由于宋代科学技术的发展，另一方面也反映出当时天文学研究的活跃。只北宋年间，朝廷就曾进行了五次大规模的天文观测，这为编修历法提供了更加精确的数据。南宋宁宗庆元四年（1198）九月，由于当时施行的姚舜辅制成的《纪元历》"占候多差"，于是宁宗下令更造新历。庆元五年（1199），天文学家杨忠辅❶编订的新历法《统天历》正式颁布施行。

❶ 杨忠辅，字德之，南宋时人。在 1185—1206 年任职于太史局，于宁宗庆元五年（1199）作《统天历》。

　　杨忠辅编订的《统天历》是南宋第一部建立在系统、精密的天文测量基础之上的历法，其中节气、合朔、月亮过近地点与黄白交点的时刻等数据都比较准确，并且在诸多历法问题上进行了改革。

　　《统天历》实际上废除了上元积年，这是中国历法史上的一个进步措施。在中国古代历法推算中，人们认为必须要有一个推算的起点，这个起算点就叫作历元。所谓"建历之本，必先立元，元正然后定日法，法定然后度周天以定分、至，三者有程，则历可成也"。历元既可以是编订历法的年代的实测，也可以是推算到很久以前的某个年代；既可以是各个天体取一个特殊历元，也可以是一个确定的适用于所有天体的共同历元。中国古代历法中所取的历元实际上是一种理想的上元（太极上元），人们认为在这一刻，所有天体的全部已知周期运动起点都会重合于同一个位置，并且，过了一个大周后，所有的天体还会再次同时回到这个起点位置。这个大周就是所有天体全部运动周期的最小公倍数，而每一个大周又可以分成各种小周，这些小周也是某几个天体运动周期的最小公倍数。过了一个小周之后，这几个天体的周期运动的起点也会重合一次。

　　这种理想的上元最早在《淮南子·天文训》中就已经出现，但直到西汉刘歆的《三统历》才正式给出了上元积年的推算结果。《汉书·律历志》"世经"记载："汉历太初元年，距上元十四万三千一百二十七岁。前十一月甲子朔旦冬至，岁在星纪婺女六度。"也就是说，按照汉历规定的历

元起始于冬至、朔旦、甲子日夜半，推算出《太初历》
的上元积年为 143127 年。再后来，上元积年几乎成
为每部历法中必不可少的一项参数，并列为历法的第
一条。但是，随着天文观测越来越精密化，计算越来
越繁杂，上元积年的数字越来越庞大，这就导致了计
算的难度加大，使用也不方便。唐代曹士蒍的《符天
历》就曾以显庆五年（660）正月雨水为历元，第一
次冲破了上元积年的枷锁，但他也只是削掉了数十万
以上的积元，并未彻底废除上元积年。直到杨忠辅的
《统天历》，才真正从实际上废除了上元积年。但是
为了避免守旧派的攻击，杨忠辅仍然虚立了一个上元，
而其订正上元所需的"气差""闰差""转差""交
差"四项数值都是依据绍熙五年（1194）的实测而算
出来的。尽管如此，他的历法改革却失败了。而上元
积年在完全意义上的消失，则是到元代《授时历》的
时候了。

　　自虞喜发现了岁差之后，祖冲之首先在历法计
算中引入了岁差，唐宋时代的历法也大都沿用隋代
刘焯在《皇极历》中的岁差数值。《统天历》所采
用的岁差值为 66 年 8 个月差一古度。但杨忠辅在《统
天历》中却不注岁差，而是另立周天差 338920。如
《统天历》的策法 12000，岁分 4382910，周天分
4383090，以策法除周天分，可以得到周天 365.2575
度，由此得岁差每年西移 0.0150 度，或 66 年 8 个
月西移一古度。

　　杨忠辅在《统天历》中，以策法除岁分，将岁实
的数值精确到了 365.2425 日，较现代所测的数值只

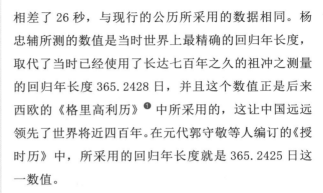

❶《格里高利历》是国际通用的历法，即公历。由罗马天主教皇格里高利十三世于 1582 年批准颁行。

相差了 26 秒，与现行的公历所采用的数据相同。杨忠辅所测的数值是当时世界上最精确的回归年长度，取代了当时已经使用了长达七百年之久的祖冲之测量的回归年长度 365.2428 日，并且这个数值正是后来西欧的《格里高利历》❶中所采用的，这让中国远远领先了世界将近四百年。在元代郭守敬等人编订的《授时历》中，所采用的回归年长度就是 365.2425 日这一数值。

杨忠辅还发现了回归年日数并不是一个常数，而是一个"古大今小"的变量。并且，他还在《统天历》中给出了一个回归年长度随时间而变化的改正值——"斗分差"。无论是向前推算古代，还是向后测算将来，都需要用斗分差来校正回归年长度。自汉代以来，每每修改历法，都需要对一个回归年的长度进行校正，但是由于古人是依据圭表测影法来判定冬至日的，所以每次都是根据实际测得的数据来定冬至，而不是平冬至。这样所定的岁实是"定岁实"，而不是"平岁实"。因此，人们所得的一回归年的长度（一岁实）是时损时益的，而且没有固定的标准。按照《统天历》的数据，杨忠辅发现回归年的日数每年减少 0.0000212 日，而按照现代观测的数据，回归年日数每年只减少 0.0000000614 日，杨忠辅的数据较今天的数值足足大了 30 倍。虽然《统天历》的斗分差实际上是过大的，但当时的人尚且不知道冬至和近日点有远近，岁实也应该有消长，杨忠辅所创的"斗分差"为人们获得更加精确的岁实数值提供了可能，他的这一创举也为中国古代的天文历法作出了重要贡献。

　　《统天历》虽然采用了大量精确的数据和先进的算法，但仍有不足之处。嘉泰二年（1202），在《统天历》颁行的第四年，其所推算的日食时刻就比实际的天象早了一个半时辰。因为在古代，人们十分重视历法与天象的符合，所以在其推测日食不准确后，朝廷于开禧三年（1207），又编订了新历《开禧历》。虽然《统天历》中的这些改革一直到元代的《授时历》才得以实现，但其先进的历法思想以及精确的计算数据却为后世历法的编订作出了重要贡献。尤其是其将岁实的数值精确到了 365.2425 日，这对于调整"年"与"岁"的关系，以及更精确地排算二十四节气都具有重要意义。

二、王祯与《授时图》

　　至元十三年（1276），元世祖任命许衡❶"领太史院事"，主持新历法的制定，并以郭守敬、王恂❷为副，共同参与编订。元朝统一全国以前，一直采用的都是《大明历》，至元世祖时，已经出现了严重的误差，与当时的天象越来越不相符。因此，南宋灭亡以后，忽必烈决定设立专门的机构，进行历法的修订。

　　新历法的修订并不顺利，先是许衡获准退休后于第二年去世，再是王恂丧父，回乡守丧，因哀伤过度而亡。先后丧失两位重要成员之后，主持历法修订的工作自然也就落到了郭守敬的肩上，他在克服了无数困难之后，终于在至元十八年（1281），完成了新历法的修订。元世祖忽必烈依据"敬授民时"的古语赐名《授时历》，并于同年颁布施行。《授时历》

❶ 许 衡（1209—1281），元初哲学家。字仲平，人称鲁斋先生，怀庆河内（今河南沁阳）人。善易学，崇信理学，著有《读易私言》一卷。另有《鲁斋心法》《鲁斋遗书》等作。

❷ 王恂（1235—1281），元代数学家。中山唐县（今河北唐县）人。精通历算之学。

是中国历史上施行时间最长的一部历法，总共沿用了三百六十多年，其制定也是中国历法史上的第四次大改革。在历法制定的过程中，必然涉及天文观测，其中之一就是二十四节气的测定，尤其是冬至日和夏至日时间的测定。在传统的测定中，这一时刻的测定采用的是"圭表测影法"，但是由于圭表这种测定仪器并不精密，且只能观测日影，测定出来的数据误差较大。因此，为了测定更加精确的数据，元朝廷还修建了观星台，郭守敬在全国选定了二十七个观测点，进行了大规模的天文实测工作，被称为"四海测验"。这为夏至日的表影长度和昼、夜时间的长度测定提供了更加精确的数据。

《授时历》废除了过去许多不必要、不合理的计算方法，应用了一些新的计算方法，采用了更加先进的数据，是当时领先世界的优秀历法。但是，官方颁行的历法中的二十四节气虽然越来越精确，其在民间的实际应用中却并不是那么方便。我国的农历是一种阴阳合历，依据月相的变化即朔望来定月份，又以置闰的方式使其与太阳回归年相符合。因此，二十四节气便成为历法的补充，以调和月份不能与季节、气候准确对应的问题。但在很长的一段时间里，人们尤其是农民们，对于阳历并不能准确把握，反而是阴历在农业生产、日常生活中更加实用。所以，在实际指导农业生产、安排农事活动中，应用最多的不是节气而是阴历。

由于二十四节气与阴历中年、月、日的关系不是固定不变的，这就导致官方颁行的历法中时序往往不

能反映气候变化，其对农事活动的指导意义也产生了影响。如果强行以历法来定季节，就会导致气候与事实相悖。为了强调二十四节气对农事活动的指导意义，也为了将季节、月份和节气三者的关系融为一体，元代农学家王祯 ❶ 在其《农书·授时篇》中设计了《二十四节气七十二候图》和《授时指掌活法图》，其中《授时指掌活法图》也被称为《授时图》。

所谓"授时"，指的是记录天时以告于民。所谓"指掌"，则用来比喻事理浅显易明或对事情非常熟悉了解。所谓"活法"，指的是灵活的法则，变通的方法。因此，王祯将此图取名为《授时指掌活法图》，体现了其将天象、节气、物候、农事活动等纳入一张图中，是化繁为简，且更加易于农民的理解和操作，同时也是对官方所颁行的《授时历》的一种变通。

王祯的《授时图》在中国农学史上为首创，它继承了《夏小正》《礼记·月令》中的有关农业生产的整体系统思想，将天象、节气、候气及其与农事的关系绘制成了圆盘状的图画，并加入了一段十分精辟的说明："二十八宿周天之度，十二辰日月之会，二十四气之推移，七十二候之迁变，如环之循，如轮之转。农桑之节，以此占之。"

王祯对《授时图》的内容做了这样的解说："此图之作，以交立春节为正月，交立夏节为四月，交立秋节为七月，交立冬节为十月。农事早晚，各疏于每月之下。星辰、干、支，别为圆图，使可运转，北斗旋于中以为准则。则每岁立春，斗柄建于寅方，日月会于营室，东井昏于午，建星辰正于南。由此以往，

❶ 王祯（1271—1368），字伯善，山东东平人。他生活简朴，关注百姓生产，热心公益事业。他在出任安徽旌德县县尹时，就注意随时留心农事，开始动手编写《农书》。到出任永丰县县尹时，完成了《农书》的写作。

积十日而为旬，积三旬而为月，积三月而为时，积四时而成岁。一岁之中，月建相次，周而复始。气候推迁，与日历相为体用，所以授民时而节农事，即谓'用天之道'也。"

二十四节气既是一个天文学概念，也是一个农业概念。数千年来，其在我国先民们的农业历史文化的发展中占据重要地位，展现了中国智慧。王祯在《授时图》中，以二十四节气为核心，对官方所颁行的历法作了创造性的变通活用，使其更加便于指导农事活动，增强了其在农业生产、生活方面的实用性。同时，王祯的《授时图》也是我国古代重要的农业文化遗产之一。

三、节气之争与《时宪历》的启用

（一）节气之争

所谓"节气之争"，即平气法与定气法之争。在前文中，我们已经介绍了平气法与定气法。虽然隋代的刘焯在《皇极历》中已经使用了定气法来确定二十四节气，但因其历法未能被统治者采用，其定气法只是在民间天文学者间受到欢迎。人们为了方便，一般在需要精确的计算时采用定气法，而在历法的编写中，仍然使用平气法来确定二十四节气。直到清代的《时宪历》颁行，才真正在历法中采用了定气法来确定二十四节气。而定气法最终能被统治者采用，历史上也是经历了一场"节气之争"的。

15世纪末，由于欧洲殖民国家的对外扩张，大

量西方的传教士逐渐遍布全球，这其中就有一些传教士来到了中国。这些传教士来到中国后，虽然与中国的一些传统习俗产生了冲突，但也带来了大量西方先进的科学技术和天文学知识。明朝末年，德国传教士汤若望❶来到了中国，他的到来为后来的《时宪历》的颁行起到了关键作用。

当时明朝统治者所采用的历法是《大统历》，但从严格意义上来说，《大统历》完全承袭了元代的郭守敬的《授时历》，并未有什么改进。虽然施行期间屡屡出现推算日食不准确等问题，制定历法者也曾要求改制新历，但明朝却一直沿用《大统历》。直到明朝末年，《大统历》由于年久失修，误差越来越大，钦天监的天象预测屡屡出错，崇祯皇帝也意识到，必须要修订历法了。此时，钻研西法多年的徐光启❷抓住时机，向崇祯皇帝详尽叙述了采用西法来修订历法的必要性。钦天监的官员们也看出了崇祯想要修订历法的愿望，担心受到惩治，纷纷转而主动要求修订历法。于是，崇祯皇帝下令成立历局，由士大夫徐光启主持修订历法，并提出"西法不妨于兼收，诸家务取而参合"的改历意见。徐光启奉旨督领修历事务，率李之藻等人，采用西方的科学方法来修正中国历法，同时还聘请了一批西方传教士共同编历，这其中就有来自德国的耶稣会传教士汤若望。

崇祯六年（1633），还未及完成《崇祯历书》这部鸿篇巨制，徐光启就因病去世了。之后，由李天经主持历局和历书编制工作。李天经继承了徐光启生前的编历思路，于1634年12月完成了全书的编制。

❶ 汤若望，德国传教士，经徐光启的推荐，参与了《崇祯历书》的编撰工作。清顺治初年，他奉命修订《崇祯历书》，更名为《西洋新法历书》，即《时宪历》。

❷ 徐光启（1562—1633），字子先，号玄扈，谥文定，万历年间进士。徐光启在天文历法方面的成就，主要集中于《崇祯历书》的编译和为改革历法所写的各种疏奏。

《崇祯历书》修成之后，理应颁行天下，却受到了以魏文魁等人为代表的保守派的激烈反对。原来，在编制《崇祯历书》的过程中，在有关到底是采用平气法还是定气法来确定二十四节气的问题时，产生了两种对立意见。李天经等尊崇西法的一派主张用定气法注历，他们认为采用定气法可以使历法中的节气日与太阳黄道行度完全相符。这里的定气法并不是西方发明的，而就是我们古代早已发现的定气法，只是随着西方数学等学科的进步，其数据更加精准。为了获得支持，采用定气法，历局仗着自身算法精确的优势，大肆宣扬西法之优以攻击旧法。

原本尊崇旧法的钦天监中的一些有识之士深知《大统历》误差较大，有待修正，但是面对历局对西法的大肆宣扬，心中极为不满，誓要在"礼法"层面与历局争胜。借用后来杨光先在《不得已》中的话来说，就是："宁可使中夏无好历法，不可使中夏有西洋人。"简单的节气算法之争被上升到了中西之争、意气之争。

清代天文数学家梅文鼎  也曾指出"节气之争"的真相。在他看来，古人对于平气法与定气法的差别是非常清楚的。在古法中，虽然人们通常使用平气法来排算二十四节气，但在主要的节气之日上，古人所采用的依然是更精确的定气法，比如"定冬至"而非"平冬至"。古人的这种做法实际上是对平气法和定气法的兼收并用，共取所长，既保存了中国传统的以平气法注历的方式，又对太阳的实际视行状态进行了描述。而在节气之争中，尊崇西法的一派只以西法之

❶ 梅文鼎（1633—1721），字定九，号勿庵，宣州（今安徽宣城）人。清初天文学家、数学家，为清代"历算第一名家"和清代历算"开山之祖"。

精确来攻击旧法，实际上是对旧法的不了解、不自信，是数典忘祖。

明末的节气之争还未定论，《崇祯历书》也未能颁行于世，明王朝就走向了覆灭，为清王朝所取代，而这场节气之争也延续到了清初。1644 年，清军定鼎中原，尽快颁布新的历法以示正朔就是最紧急的事情。当时，由于满汉之别，清军入关后，汉族内大量懂天文历法的人都纷纷南迁避祸，剩下的大多持不愿与清王朝合作的态度。清廷除了萨满巫师，没有懂天文历法的人了。此时，作为西方传教士的汤若望看中了这正是自己在中国这片土地站稳脚跟的一个有利时机。

汤若望首先向当时的摄政王多尔衮示忠，与清王朝的统治者建立了初步的信任。后又利用职务之便，在钦天监的会议上指出明朝旧历《大统历》的谬误，而在观象台的测验中，当天的日食中初亏、食甚、复圆的时间与方位都与西洋新法一一吻合，在展现自己有天文历法方面的才能的同时，汤若望还利用"天象"来迎合多尔衮、顺治帝等人，说清王朝取代明王朝是天意所向，因而获得了多尔衮和顺治帝双方的高度信任。汤若望也顺理成章地接下了为新王朝测算天象和编制新历法的任务。

在接到编制新历法的任务后，汤若望将自己曾经参与编修的《崇祯历法》删改、补充和修订至 103 卷，进呈清廷。多尔衮在其上批"依西洋新法"五字，改称《时宪历》。顺治二年（1645），清廷颁行了由汤若望制定的《时宪历》，并任命汤若望为钦天监监正。

汤若望掌管钦天监后，大力推行西法，奏请撤销回回科（钦天监所属机构），全力打击旧历法，改平气注历为定气注历，以彰显西法的优越。这一举动引起了汉族旧历官员极大的不满，节气之争再次升级。先有钦天监前回回科吴明炫列举新历法之误，奏请"复立回回科，以存绝学"，再有新安卫官生杨光先撰文《辟邪论》《不得已》笔伐，进《摘谬论》《选择议》二篇直指新法十谬。虽然一开始，汤若望由于深受顺治帝的信任，官位步步高升，但随着顺治帝去世，康熙帝继位，鳌拜等顾命大臣辅政，汤若望被革职废衔，与其他人员一起交刑部议处。后因孝庄太皇太后的干涉，汤若望才免于死刑，但也未能重回钦天监，于康熙五年（1666）逝世。

随着汤若望的革职入狱，《时宪历》被废止，《大统历》恢复实施。杨光先虽然取得了此次节气之争的胜利，也顺势取代了汤若望成为新任钦天监监正，但麻烦也随之而来。他因摒弃西法，虽然自知《大统历》存在大量谬误，却没有能力进行修正，天象预测也错误不断。直至康熙亲政后，才着手解决众多历法问题，并起用传教士南怀仁❶。康熙七年（1668），南怀仁掌管钦天监监务。康熙九年（1670），《时宪历》恢复施行。

❶ 南怀仁（1641—1688），比利时人，顺康时期耶稣会传教士。曾担任国家天文台（钦天监）监副、工部右侍郎，为朝廷修订历法。清初最有影响的来华传教士之一，为近代西方科学知识在中国的传播作出了贡献。

（二）《时宪历》的启用

《时宪历》是中国历法史上第五次大改革，首次正式采用了定气法。其前身是明末徐光启、李天经等人编写的《崇祯历书》，经德国传教士汤若望删改后

进献给清廷，并改名为《西洋新法历书》，后多尔衮定名为"时宪"，即《时宪历》，于 1645 年正式颁布施行。

　　《时宪历》是中国历史上第一次抛弃传统历法而采用西方天文学体系而编订成的历法，它依据丹麦天文学家第谷·布拉赫的天体运行论，采用欧洲几何学的计算系统，将一周天分为 360 度，一昼夜分为 24 小时，将度、时以下改百进位制为 60 进位制，这是官方历法首次发生体系变化。同时，《时宪历》也是中国历史上第一次真正地采用定气法制历，它采用黄道坐标，以太阳在黄道上的实际运行位置标准来计算节气的时刻，从黄经 0 度起，以 15 度为间隔，划分出了反映气候周年变化的二十四节气。这一改变，使二十四节气更加符合太阳运动的实际规律，也更加精确，相较于《淮南子》中对二十四节气的定义，已经发生了根本性的变化。

　　《时宪历》施行后，其间经过了多次的修订。《时宪历》除了采用定气法制历外，其格式仍然是沿用旧制，因而其核心算法虽然发生了改变，但在格式上仍然是旧历法的形态。所以，《时宪历》在真正意义上实现了中西历法的合璧。至此，二十四节气的版本最终定型。当然，随着天文观测精度的提高，二十四节气中每个节气的交节时间也将越来越精确。

第三章

中国节气与
二十四节气

　　提到中国节气，人们首先想到的就是二十四节气，这是因为在中国的节气文化中，人们早已经将二十四节气作为中国节气的代名词。几千年来二十四节气对应着四时农时，指导着劳动人民的生产生活。

　　现在的二十四节气，在阳历中的日期基本都是固定不变的，相邻节气之间的时间也是相同的，这是因为其测算方式遵循的是太阳历。但是在节气的名称上，似乎看不出它与太阳在黄道上的位置有什么联系。其实，从二十四节气的名称上就可以看出，它考虑季节、气候、物候等自然现象的变化，分别体现着不同的季节，大自然中的气温怎么样、降水怎么样，是否适合农作物播种等。

　　根据这些名称，二十四节气一般可以分为四类：立春、春分、立夏、夏至、立秋、秋分、立冬、冬至这八个是用来反映季节变化的节气；小暑、大暑、处暑、小寒、大寒这五个是反映气温，表示一年中不同时期的寒热程度的节气；雨水、谷雨、白露、寒露、霜降、小雪、大雪这七个是反映全年降水变化的节气；惊蛰、清明、小满、芒种这四个是反映自然物候现象变化的节气。

第一节　春之节气

●清院本十二月令图　一月

正月十五闹元宵，到处张灯结彩，人们赏灯饮酒，燃放焰火，儿童在灯架下嬉戏。

●清院本十二月令图 二月

文士们赏玩卷轴名画，鉴定古器彝鼎，妇女弹奏乐器、缝制衣物，或对坐谈天。

●清院本十二月令图 三月

文士们正在玩"曲水流觞"的游戏，利用水流上下游间的落差，在上游放置酒杯，任其顺流而下，杯在谁的面前打转或停下，谁即取来饮之，彼此相与为乐，举觞相庆。

　　春季作为一年的开端，包含着二十四节气中的立春、雨水、惊蛰、春分、清明、谷雨六个节气。在"靠天收"的古代，这六个节气指导着人们能够顺利春耕。

　　春季是一个万物萌发、充满生机的季节，人们开始从万籁俱寂的冬季中走出来，欢欣雀跃地准备春耕。毕竟，春是希望的象征，春耕的顺利预示着一年的丰收，因而人们格外地重视春耕。

一、立春

（一）节气释义

　　立春，又称"打春"，是二十四节气中的第一个节气，"立"代表的就是开始，"春"代表的就是季节，这是一个反映季节变换的节令。立春，象征着大地回春，天气渐渐转暖，白昼渐渐变长，春季开始了。

　　在中国古代历法中，将立春定为"正朔"，"正谓年始，朔谓月初"，即为一年中第一个月的第一天。《月令七十二候集解》中对于立春是这样解释的："立春，正月节。立，建始也。五行之气，往者过，来者续。于此而春木之气始至，故谓之立也，立夏、秋、冬同。"因此，以立春所在月份为正月，立春为正月的第一天，是一年之初，万物生机之始。立春，又称"岁首"。《史记·天官书》❶中载："正月旦，王者岁首；立春日，四时之始也。"春季是四季之始，而立春又是春季之始，故而立春又是一岁之始。

　　秦汉以前，人民依据北斗七星在不同季节的转移来判定二十四节气，当北斗七星的斗柄指向报德之维，

❶ 西汉史学家司马迁创作的一篇文言文，收录于《史记》中。古人为了认识星象、研究天体，很早便人为地把星空分成若干区域，中国称之为星官，西方称之为星座。中国古代把天空分为三垣二十八宿，最早的完整文字记录见于《史记·天官书》。

也就是东北方的位置，则象征着立春的到来。到了西汉武帝时期，普遍采用圭表测影法来确立冬至日的时间，并（采用"平气法"）根据冬至日的时间推算出立春的时间。现行的"二十四节气"的划分则是根据太阳在黄经上的位置来确定的（采用"定气法"），立春时，太阳到达黄经315度，交节时间点对应的公历日期一般是每年的2月3日至5日中的一天。

（二）节气三候

与二十四节气对应，中国古代将一个节气分为三候，以五日为一候，立春中的三候为："初候，东风解冻；二候，蛰虫始振；三候，鱼陟负冰。"立春之日，东风送暖，冰封的大地开始回暖。此时的东风也唤作"春风"，为万物带来生机。当冬天的寒冷被温暖的春风慢慢刮走，大地便由地表开始解冻，南方的柳枝最先在春风的吹拂下催生了嫩芽，唐诗里的"二月春风似剪刀"正描绘出了春日东风的强劲。过了五日，经过春风为大地送来温暖，冬日里蛰居地下穴中的虫子慢慢苏醒，伴随着气温的升高开始蠢蠢欲动；再过五日，水面的冰开始慢慢融化，水中敏感的鱼儿很快察觉到了气候的变化，争相跳出水面，此时的水面还尚有未完全消融的冰块。所谓"春江水暖鸭先知"，在南方的池塘里或小河中，鸭子早已在水中自由地嬉戏觅食了。

●元盛懋春塘禽乐图

（三）气候特点

二十四节气主要是中国古代黄河流域的先民总结了该地区的天象物候而诞生的"自然历法"，二十四节气中的"四立"对应春、夏、秋、冬四季的开始。但由于中国幅员辽阔，地理条件多种多样，各个地区的气候特点相差也较大。因此，"四立"虽然能够比较全面地概括我国黄河中下游地区四季分明的气候特点，但"立"的特征并不明显，不能够代表全国各地的气候。

在气候学上，一般以每五天的日平均气温稳定在10℃以上的始日划分为春季的开始。立春节气，太阳自南回归线渐渐向北返回，黄河中下游土壤开始解冻，对应立春第一候"东风解冻"，但与气候学上的春季仍然是有差距的。事实上，公历二月的黄河流域仍然处于冬季，而且中国大部分地区仍然是"白雪却嫌春色晚，故穿庭树作飞花"❶的景象，与立春的含义并不相符，真正进入春季的也只有我国的华南地区。此外，由于春季处于冷暖交替之际，气候多变，忽冷忽热，民间流行的谚语"早春孩儿面，一日两三变""春日乱穿衣"也反映了此时气候的反复变化。

立春节气的气候特点表现为气温回升、风和日暖。虽然北支西风急流的强度和位置基本没有变化，大风降温仍然是主要天气，但东亚大陆的南支西风急流开始减弱，偏南风频数增加，同时伴有明显的气温回升过程。立春之后，全国大部分地区气温、日照、降雨开始上升、增多，春耕等农业生产活动陆续在全国各地展开。

❶ 此句出自唐代韩愈的《春雪》，"却嫌""故穿"等词生动地刻画出春雪的美好和灵动，具有浓烈的浪漫主义色彩，表达了诗人见到春雪的惊喜神情。

（四）气候农事

自秦代以来，中国就一直以立春作为春季的开始。古代"四立"指春、夏、秋、冬四季的开始，其农业意义为"春种、夏长、秋收、冬藏"，概括了黄河中下游农业生产与气候关系的全过程。立春节气，人们能够明显地感觉到白昼变长，气温回升，日照和降雨也处于一年中的转折点上，有着明显的增加。"立春雨水到，早起晚睡觉。"这句流行的农谚就是在提醒着人们应该要安排春耕了。

由于我国幅员辽阔，即便是立春后，全国各地的农事安排也是各不一样的。此时，气温回暖，日照充分，降雨充足，正是作物生长的好时候。西北地区主要是春小麦的整地施肥，冬小麦防止禽畜为害。而东北地区地表的土层开始解冻，农民要及时耙地保墒❶，送粪积肥，继续农田水利水土的保持工作，同时由于气温回暖，各种疫情容易反复，给牲畜防疫也是一项重要工作。在华北地区，农民都积极做好春耕的准备工作，耙地保墒，提高地温，以利于小麦的生长，同时还要积肥运肥、修整农具、治理农田、兴修水利等。南方地区则早已走出寒冬状态，进入桃花盛开的春季，春耕大忙，各种作物也都正逢生长的好时候，农民应及时浇灌追肥，促进生长。同时在农业生产活动中，也要考虑到"倒春寒"等恶劣天气，做好农作物防寒、防冻、防雪的准备，避免损失。

❶ 墒（shāng），耕地时开出的垄沟，也指土壤适合种子发芽和作物生长的湿度。保墒的意思是用耙地或增加地面覆盖物的方式保持土壤的水分，以利农作物生长发育。

●元张中桃花幽鸟图（局部）

（五）民俗文化

节气本是来指导人们的农事生产的，但在长期的历史发展过程中，对人们的生活也产生了重要的影响，并逐渐衍生出各种各样的民俗文化。立春作为一年的第一个日子，在民间作为节日历史悠久。几千年来，纪念立春日的许多活动被逐渐演化成各种习俗保留了下来，如迎春、打春、剪春花、贴春字、吃春饼、食春菜等。人们以此来欢庆大地回春，劝励农耕，祈求一年的风调雨顺、五谷丰登。

立春作为节气形成于周代，而立春日的迎春活动则是中国古代先民们每年都要进行的一项重要活动，仪式自然是隆重而浩大的。在中国古代，由于科学技术水平不发达，人们赖以生存的来源就是农业生产，因而上至统治者，下至平民百姓，都十分重视农事活动。落后的生产力水平，让他们对难以预测的天象十分敬畏，并塑造出了各种各样的神明为自己保驾护航，比如春神句芒❶、秋神蓐收❷。因此，每逢春耕开始，人们一定会举行盛大的迎春仪式以娱神、祀神，祈求这一年的丰收。

据《礼记·月令》记载，周朝对于迎接"立春"的仪式是非常重视的：每逢立春日，周天子都会亲自率领三公九卿、诸侯大夫、皇亲国戚们去东郊迎春，并举行祭祀仪式，祈求丰收。天子还要进行亲耕仪式，以示对春耕的重视，回来之后，更要赏赐群臣，施惠兆民。这一迎春活动影响到庶民，并逐渐成为后世全民都要参与的一项迎春活动。

东汉时，迎春仪式更加正式，并成为官方重要的

❶ 句（gōu）芒，本名重，长着人的面孔，鸟的身子，他既是春神，也是主宰人的寿命、掌握人们生死的生命之神。

❷ 蓐（rù）收，又名该，据《国语·晋语》记载，蓐收脸上长着白毛，有老虎一样的爪，手里拿着斧子，乘着两条龙飞行。

❶ 吴自牧，钱塘（今浙江杭州）人。宋朝灭亡后，他曾经回忆并记载钱塘盛况，介绍南宋都城临安的城市风貌，并编写《梦粱录》二十卷。

礼俗活动。这天除了东郊迎春外，还要祭祀春神句芒，穿上黑色的衣服唱《青阳》歌，跳八佾舞《云翘》，迎春成为一全国性的盛大活动。后世迎春的活动地点也不仅仅局限在东郊，从宫廷内到府衙门前，迎春活动的内容越来越丰富。宋代时，在朝臣之间发展出了一种入朝称贺的迎春形式。吴自牧❶《梦粱录》载："立春日，宰臣以下，入朝称贺。"到了清代时，迎春活动达到了高潮，还发展出了"拜春"的习俗："立春日为春朝，士庶交相庆贺，谓之'拜春'。撚粉为丸，祀神供先，其仪亚于岁朝，埒于冬至。"（《清嘉录》）"拜春"的习俗与古时元旦的"拜年"类似，其仪式之盛大仅仅次于元旦、冬至日这样的节日。

　　立春时的活动内容丰富，不同地区的庆祝方式也会有所不同，尤其体现在饮食方面。例如在北方，人们在立春时喜欢吃春饼，咬生萝卜；而在南方，浙江地区的人们喜欢吃春卷，福建等地的人们则喜欢在立春这天吃面条。而且在古代，立春与春节密不可分，因而在立春时节还融入了不少春节活动，如拜年等。虽然不同时代、不同地域，人们迎春的方式略有差异，但人们对于立春的重视程度却可见一斑。

二、雨水

（一）节气释义

　　雨水是二十四节气中的第二个节气，也是立春后的第一个节气。此时斗柄指寅，太阳到达黄经 330 度，交节时间点对应的公历日期一般是每年的 2 月 18 日至

20 日中的一天。因气温回升，冰雪消融，降雨增多，故名雨水。雨水在气候学上有两层含义：一是天气回暖，降水量渐渐增多；二是在降水的形式上，由冬季降雪转变为春季降雨。《月令七十二候集解》中记载："雨水，正月中。天一生水，春始属木，然生木者，必水也，故立春后继之雨水。且东风既解冻，则散而为雨水矣。"雨水与谷雨、小雪、大雪一样，都是反映降水情况的节气。

（二）节气三候

中国古代将雨水分为三候："初候，獭祭鱼；二候，鸿雁北；三候，草木萌动。"初候时，冰河解冻，河中的鱼儿自由游动，时而浮上水面，水獭也开始捕鱼了。水獭将捕捉到的鱼摆在岸边，就像陈列的祭品一样。五日后，南迁越冬的大雁，因为气候转暖，也成群结队地飞回北方来了。所谓"润物细无声"，再过五日，经过春雨的滋润，草木也开始抽出嫩芽，大地呈现出一片欣欣向荣的景象。

●水獭

●大雁

（三）气候特点

雨水时节，正处于数九天"七九河开，八九雁来"的时候，此时冰河自南向北逐渐开化，大部分地区严寒多雪之时已过。由于北半球日照时间和强度的增加，气温回升较快，温暖的东风渐渐吹散北方的冷空气。从气象学上来说，雨水过后，除了华北地区的平均气温还在0℃以下，中国大部分地区的气温都回升到了0℃以上。比如，黄淮地区日平均气温都在3℃左右，江南地区的日平均气温也在5℃以上了，而华南地区的气温则普遍维持在10℃以上。

雨水节气，也取名于此时的降水量的增加，但这一时期的降水主要还是小雨或毛毛雨。此时，华南地区已然是一派春意盎然的景象，河水渤渤，各种作物都受着雨水的滋润，降水量一般为全年的30%左右，雨量充沛。但华北地区仍然受到冷空气的影响，春天风大干燥，雨水较少，降水量一般为全年的 10% 左右，因而常常发生春旱。

（四）气候农事

雨水节气，是全年寒潮过程出现最多的时节之一，气候变化较大。黄河以北地区仍然处于下雪少雨的季节，大多数的日子里天气依然较冷，所以农民们要重视牲畜的管理，预防疾症。所谓"雨水有雨庄稼好，大春小春一片宝"。此时的黄河中下游地区在经过春雨的滋润后，土壤湿润，适宜作物生长，农民主要忙于给麦田除草，追肥灌溉，此外还要关注果树等经济作物的生长，给果树剪枝。而长江中下游地区因为处于南方，气候就要暖和得多了，农民们主要是管理水稻的生长，同时还要注意果树等经济作物的生长管理。西南各地的农民也早早做好了春耕生产的准备，开始中耕❶培土。所谓"麦浇芽，菜浇花"，农民抓紧在麦田追施拔节肥，在油菜地追施苔肥，有些地方则开始种植马铃薯等作物。

雨水时节，油菜、冬麦等越冬作物普遍返青❷生长，对于水分的需求十分紧迫。所谓"春雨贵如油"，一场恰到好处的降水，有利于促进庄稼的生长，也预示着农民们能有个大丰收。但雨水节气的天气变化不定，降水量并不能准确把握，一旦降水过量，也会出现"春水烂麦根"的现象。因此，农民在做好作物的追肥灌溉的同时，也要及时清沟理墒，为排水防渍做准备。乍暖还寒的天气对于作物的生长也有着重大影

❶ 中耕是指对土壤进行浅层翻倒，疏松表层土壤，通常在降雨、灌溉后以及土壤板结时进行，同时可结合除草。

❷ 返青指植物的幼苗移栽或越冬后，由黄色变为绿色，并恢复生长。

响，农民们还要做好作物的防寒、防冻工作，避免造成损失。

（五）民俗文化

雨水节气，对应的农历一般在正月十五日前后，而正月十五正好是民间的传统节日"元宵节"。元宵节也称"灯节"，是汉族以及部分少数民族的重要的节日，在这一天，人们会张起各式各样的灯笼，闹花灯、逛灯会、猜灯谜、耍龙灯，男女老少都陶醉在丰富多彩的节日活动中。

中国的制灯工艺有着悠久的历史，早在青铜器出现的时候，就有了各种各样精美的灯具。从早期的宫灯，到后来的花灯，灯具逐渐成为节日里营造氛围的重要角色。赏灯的活动在中国很多节日中都有，但以正月十五"元宵节"为最盛。元宵节一般从正月十三日"上灯"开始，十四日为"试灯"，十五日为"正灯"，十八日为"落灯"。雨水节气一般正好在春节的结尾，因而元宵节的前后都十分热闹，节日的庆典也相当隆重，并且在皇帝的倡导之下，元宵节的灯会也越办越豪华。

《隋书·音乐志》❶中就有记载元宵节时宏大的场面："每当正月，万国来朝，留至十五日于端门外，建国门内，绵亘八里，列为戏场，百官起棚夹路，从昏至旦，以从观之，至晦而罢。"中唐以后，元宵节的灯会活动已经发展成为全民性的狂欢节，活动形式与内容也更加丰富多彩。唐朝时，在元宵灯会中增加了杂耍技艺，在当时的京城还可以看到很多带有异域

❶ 此书为唐魏徵等人所撰《隋书》的第十三卷至第十五卷。编成于唐高宗显庆元年（656）。主要取材于隋代诏令、奏议及南北朝至隋代的音乐专著。

特色的杂耍表演。到了宋代，人们兴起了在灯会里猜灯谜的玩法，《梦粱录》中就记载说："商谜者，先用鼓儿贺之，然后聚人猜诗谜、字谜……"人们在张挂的灯笼下附上谜语，供路人猜测赏玩。明代时，又增加了戏曲表演的活动。各式各样的元宵节活动，受到了各个阶层的欢迎，既丰富了活动内容，也烘托了节日的氛围。

●汉连枝灯

●明吴彬岁华纪胜图·元夜

除了元宵节，雨水期间的其他民俗活动也不少，比如填仓节。《东京梦华录》中就记载："正月二十五日，人家市牛羊豕肉，恣享竟日。客至苦留，必尽而去，名曰填仓。"填仓节分"小填仓"与"大填仓"，节日期间，人们会大吃大喝，搬运填仓、点灯祀神、祭奠仓官，表达对仓神的感激之情，祈求一年粮丰仓满。此外，不同地区的人们也有着各自的民俗与节日，比如川西一带，民间流行在雨水节气时，出嫁的女儿带上礼物回娘家拜望父母，称"回娘屋"；父母在这一天还会给孩子认干爹干妈，称为"拉保保"。一些少数民族还有着自己庆祝雨水节气的节日，如苗族的芦笙节❶等。

❶芦笙节是苗族地区最普遍、最盛大的传统节日。节日之前举行祭祖仪式，之后各寨的姑娘穿着盛装，小伙子和芦笙手们都各自带着芦笙，来到芦笙场地，吹笙跳舞，持续四五天。

三、惊蛰

（一）节气释义

惊蛰，是立春后的第二个节气，也是二十四节气中的第三个节气，象征着仲春时节的来临。惊蛰反映的是自然生物受节律变化影响而出现萌发生长的现象，所谓"蛰"，指的是动物们在冬天蛰居在洞穴中不食不动的一种状态。而惊蛰，《月令七十二候集解》中的解释是："惊蛰，二月节。……万物出乎震，震为雷，故曰惊蛰，是蛰虫惊而出走矣。"意思是说春雷惊动了蛰居洞穴中的虫子，使得它们从冬眠中醒来，走出洞穴，开始活动。但事实上，冬眠的虫子们"惊而出走"的原因是因为天气回暖而非春雷始震。

在天文学上，斗柄指甲为惊蛰，此时太阳到达黄经 345 度，交节时间点对应着公历中的 3 月 5 日至 7 日中的一天。从这一节气开始，气温回升加快，春季特征明显，除了植物的生长，动物们也活跃起来，仿佛惊蛰就是启动这一切的号令，惊蛰一到，万物惊醒。因而这一节气最先叫作"启蛰"，《夏小正》曰："正月启蛰。"汉朝时期，因避讳汉景帝的名字中的"启"字，故改为了与之意思相近的"惊"字，唐代时再次使用"启蛰"，但由于使用习惯的原因，《大衍历》中又再次改成了"惊蛰"，并一直沿用至今。"启蛰"这一名称，在如今的日本还在被使用着。

（二）节气三候

中国古代将惊蛰分为三候："初候，桃始华；二候，仓庚鸣；三候，鹰化为鸠。"惊蛰时节，仲春开始。初候的五天里，大地回春，万物生发，桃花在严冬里蛰伏的花芽开始盛开。五日后，仓庚，即黄鹂鸟，因为感受到春天的气息，也走到枝头开始活动，用美妙的歌声迎接春天。再五日，由于温暖的气候，动物

纷纷开始繁育，翱翔天际的雄鹰悄悄地躲起来繁育后代，原本蛰伏的鸠也开始鸣叫着求偶。"鹰化为鸠"表现的其实是古人们对于鹰和鸠繁育途径的误解，由于二者的繁育特点不同，每逢惊蛰时节，人们没有看到鹰，反而发现周围的鸠多了起来，便误以为是鹰化为了鸠。甚至在古人眼中，如果惊蛰时节，雄鹰没有化为鸠，就预示着贼寇会屡屡出现，危害民间。

（三）气候特点

惊蛰标志着仲春卯月的开始，其特点表现为阳气上升、气温回暖、春雷乍动、雨水增多、万物生机盎然。惊蛰时节正好处于"冬九九"结束，全国范围内的气温回升迅速，除了东北、西北地区仍然还是一片冬日景象外，中国大部分地区早已是一片春意盎然的景象了。此时，华北地区日平均气温在 3 ～ 6℃，沿江江南地区的日平均气温也达到了 8℃以上，而西南和华南地区气温已经达到了 15℃左右。

由于大地湿度渐渐升高，地面热气的上升，北上的湿热空气势力较强且活动频繁，因而惊蛰前后，南方大部分地区都能听到雷声，长江流域也已经渐有春雷。所谓"春雷响，万物长"，这时候出现的电闪雷鸣现象，常伴随着雷雨的发生，也预示着这一年的丰收。雷雨过后，种子纷纷出芽，尤其是豆苗等作物更是长势迅速。但惊蛰期间，雨量的增多却是有限的。华南中部和西北部的降雨总量仅在 10 毫米左右，再加上常年冬干，春旱常常开始露头。

此外，由于我国地域辽阔，各地气候差异较大。

惊蛰时节"春雷始动"的说法更加适用于我国的长江流域，有些地区要到清明节的第二候才有"雷乃发声"，比如我国北方的初雷日一般要到 4 月下旬。但是，惊蛰节气代表着寒冷的季节已经离人远去，不论是听到春雷的地方，还是没有听到春雷的地方，农民们都已经开始忙碌备耕、春耕、春播了。

（四）气候农事

惊蛰节气，我国大部分地区都进入了春忙时期。所谓"过了惊蛰节，春耕不停歇"，此时的农村出现了一片"赶马牵牛耕作忙"的景象。惊蛰时的主要劳作是春翻、施肥、灭虫、造林，同时还有做好防旱、防冻工作。比如，此时的华北地区，冬小麦已经开始返青生长，但土壤仍然处于冻融交替，因此需要及时翻土耙地。而南方的冬小麦则已经拔节孕穗，油菜也开始开花，对水分和肥料的需求较多，因此需要及时灌溉、适时追肥。同时，温暖的气候条件十分有利于病虫害的发生和蔓延，田间杂草也生长茂盛，因此要及时驱虫灭害，清除杂草，保障农作物的正常生长，并且对于家畜家禽的防疫工作也要引起重视。

惊蛰虽然天气变暖，但是防倒春寒的工作依然不能松懈，所谓"惊蛰吹起土，倒冷四十五""惊蛰吹吹风，冷到五月中"，如果忽视了农作物的防冻工作，就会很容易遭受损失。这一时期的植树造林工作也要结合气候特点，勤于灌溉、防治病虫害、做好防冻，提高树苗的存活率。

（五）民俗文化

在惊蛰前后，我国北方地区有"二月二，龙抬头"之俗。南方地区的"二月二"则又与"土地诞"重叠，除了龙抬头节的习俗，还有祭社的习俗。龙抬头是我国民间的传统节日，又称"春耕节""农事节""春龙节"。在农耕文化中，农历二月初二是龙抬头的日子，标志着从此以后，阳气生发，雨水逐渐增多，预兆着本年的丰收。"龙"指的是二十八星宿中的东方青龙七宿星象。每岁仲春卯月，黄昏时，角宿（代表龙角）开始从东方地平线上显现；大约一个钟头后，亢宿（代表龙的咽喉）升至地平线以上；接近子夜时分，氐宿（代表龙爪）也出现了。这个过程称"龙抬头"。

❶"东方青龙"包含角、亢、氐、房、心、尾、箕七个星宿。对应到现代星座中，角宿、亢宿位于室女座；氐宿位于天秤座；房宿、心宿、尾宿位于天蝎座；箕宿位于人马座。

相传此节起源于伏羲氏时期，伏羲氏"重农桑，务耕田"，每年的二月二这一天，"皇娘送饭，御驾亲耕"。后来黄帝、唐尧、夏禹等纷纷效法先王。到了周代时，每逢二月初二这一天，周天子都要举行盛大的仪式，让文武百官都亲耕一亩三分地。元代时，这一节日才正式被官方确立，在文献上也明确将二月二称为"龙抬头"。古代帝王们如此重视"龙抬头"，也有劝农劝耕之意。而人们之所以过"龙抬头"，主要还是为了祈求龙王降雨和驱逐虫害，以保证庄稼丰收。一方面，龙在古代神话中是生活在大海中的神物，司行云布雨，人们在二月初二这天祭祀龙王，以祈求风调雨顺、五谷丰登。另一方面，龙被人们视为百虫之王，在"春雷惊百虫"之时，龙也是最先醒来的，用以镇住那些醒来后可能为害的毒虫、害虫，以祈消灾赐福、人畜平安。

龙抬头节还有不少习俗，比如围粮囤、引田龙、敲房梁、理发、煎焖子、吃猪头肉、吃面条、吃水饺、吃糖豆、吃煎饼、忌动针线等。《帝京景物略》❶就有记载："二月二曰'龙抬头'，煎元旦祭余饼，熏床炕，曰'熏虫儿'，谓引龙，虫不出也。"明代刘若愚的《酌中志》也有记载："二月二日，各宫门前撒出所安彩妆，各家用黍面枣糕，以油煎之，或白面和稀摊为煎饼，名曰'熏虫'。"《燕京岁时记》❷中也有载："二月二日，古之中和节也。今人呼为龙抬头。是日食饼者谓之龙鳞饼，食面者谓之龙须面。闺中停止针线，恐伤龙目也。"

惊蛰节气的习俗与龙抬头节的习俗很多都是名异实同。例如龙抬头节的熏虫，春雷始动，唤醒了各类蛇虫鼠蚁，人们在这一天熏香驱赶蛇虫鼠蚁和霉味，久而久之就演变成了不顺心拍打对头人和驱赶霉运的习惯，也就是惊蛰节气里的"打小人"。再有，龙抬头节祭祀龙王在惊蛰期间是大事，而民间以为龙虎相斗，白虎会在龙抬头时搬弄是非，甚至开口噬人。因此民间还有"祭白虎"的习俗，以祈化解是非，让人全年不遭小人算计。此外，惊蛰节气还有各式各样的习俗，比如山东民间会在惊蛰时烙煎饼，山西北部则有吃梨的习俗，陕西民间吃炒豆子等。

四、春分

（一）节气释义

春分是二十四节气中的第四个节气，也是最早被

❶ 明刘侗等撰，此书集历史、地理、文化和文学著作于一体，记载明代北京的风景、建筑及风俗，文风幽雅隽永。

❷ 清富察敦崇撰，记载清代京都节日的各种习俗及游艺活动，内容可分为风俗、游览、物产、技艺四类，主要记录上层社会的衣着、饮食及岁时礼仪。

使用的节气之一，是一个极其古老的节气。关于春分，早在春秋时期，人们就已经利用土圭观测日影的方法，确定出了冬至和夏至，并将冬至和夏至之间圭影长短和一半的一天确定为春分。斗柄指卯为春分，春分日，太阳到达黄经 0 度，交节时间点对应的公历时间为每年的 3 月 19 日至 22 日中的一天，此时南北半球昼夜平分。春分之后，太阳直射地球的位置继续北移，北半球开始昼长夜短，因此在古代，春分也被称为"日中""日夜分""仲春之月"。

春分这个节气有两层含义：一是指将一天时间等分，白天和黑夜都是 12 个小时；该日太阳直射赤道，地球上各地昼夜时间几乎相等。《明史·历一》中记载："分者，黄赤相交之点，太阳行至此，乃昼夜平分。"二是指古时候将立春到立夏确定为春季，而春分正好在春季的中间，平分了春季。也就是《月令七十二候集解》中所记载的："春分，二月中。分者，半也。此当九十日之半，故谓之分。"另《春秋繁露·阴阳出入上下篇》❶中又说："春分者，阴阳相半也，故昼夜均而寒暑平。"

（二）节气三候

中国古代将春分分为三候："初候，玄鸟至；二候，雷乃发声；三候，始电。"玄鸟，即燕子，它们"春分而来，秋分而去"，在春分日后，北方的天气变暖，因此在南方越冬的燕子就从南方飞回来了。在人们眼中，春燕也成了春天的使者，它们衔草含泥筑巢，象征着春天的到来。五日后，随着气温的快速

❶《春秋繁露》，又名《董子春秋繁露》《董子》，西汉董仲舒撰。这是一部糅合儒家与阴阳家思想，阐发"春秋大一统"思想的著作。

回升，降雨逐渐多了起来，下雨时伴随着阵阵雷声。古人认为，雷是因为春天阳气盛而发声，所谓"春雷不响，雨水不畅"，只有春雷越响，雨水越充沛，才有利于农作物的生长。再五日，由于雨量增多，遍地春雷，闪电开始出现了，人们常常可以看见凌空劈下的闪电。此外，在古人眼中，如果春雷不响，则预示着诸侯国会失掉百姓；如果不出现闪电，则说明君王没有威严。

（三）气候特点

春分一到，气候温和，雨水充沛，我国平均气温才达到气候学上所定义的春季温度。此时，除了全年皆冬的高寒山区和北纬45度以北的地区，全国平均气温已稳定达到0℃以上，华北地区、黄淮平原以及江南地区，日平均气温也达到10℃以上，已经进入温暖的春季。此时，中国大部分地区气温大幅度回升，冻土层已完全融化，土壤的透气性良好，十分适宜农作物的生长。

春分时节，正是"九九加一九，耕牛遍地走"的时候。按照现代农业科学的研究，当日平均气温在0℃以上时，便进入了农耕期，适宜播种；当日平均气温稳定在10℃以上时，便进入了积极生长期，此时各类农作物都进入了积极生长阶段。

（四）气候农事

春分时节，我国大部分地区已经处于农耕期的末期和农作物积极生长期。此时，北方地区小麦苗壮生

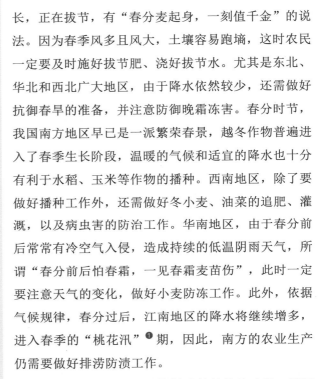

长，正在拔节，有"春分麦起身，一刻值千金"的说法。因为春季风多且风大，土壤容易跑墒，这时农民一定要及时施好拔节肥、浇好拔节水。尤其是东北、华北和西北广大地区，由于降水依然较少，还需做好抗御春旱的准备，并注意防御晚霜冻害。春分时节，我国南方地区早已是一派繁荣春景，越冬作物普遍进入了春季生长阶段，温暖的气候和适宜的降水也十分有利于水稻、玉米等作物的播种。西南地区，除了要做好播种工作外，还需做好冬小麦、油菜的追肥、灌溉，以及病虫害的防治工作。华南地区，由于春分前后常常有冷空气入侵，造成持续的低温阴雨天气，所谓"春分前后怕春霜，一见春霜麦苗伤"，此时一定要注意天气的变化，做好小麦防冻工作。此外，依据气候规律，春分过后，江南地区的降水将继续增多，进入春季的"桃花汛"❶期，因此，南方的农业生产仍需要做好排涝防渍工作。

此外，春分时节也是植树造林的绝佳时期。所谓"节令到春分，栽树要抓紧。春分栽不妥，再栽难成活"。这一时期气候温暖、降水增多，十分有利于树苗的存活，因此，农民也要抓住时机，积极栽种。

（五）民俗文化

春分除了作为二十四节气中一个提示农时的节气外，还是一个独立的传统节日。古代的统治者十分重视春分这一天，早在周朝时，就有了春分祭日的仪式，《礼记》载："春分时'祭日于坛'，此俗历代相传。"《管子》中就记载了春分日天子立坛祭日的

❶"桃花汛"是指每年三月下旬到四月上旬，黄河上游冰凌消融形成的春汛。当其流至下游时，由于恰逢沿岸山桃花盛开，故被称为"桃花汛"。

活动。春分这一天，天子要穿着青色礼服、戴青色冠冕，插玉笏，配玉鉴，与皇亲贵族及大臣们一起，从都城向东四十六里，立坛祭祀春分的太阳。同时，天子还会在春分这一日颁布一系列的春政。清代春分前后，宫中还有专门的大臣主持致祭事宜。《帝京岁时纪胜》❶中就记载："春分祭日，秋分祭月，乃国之大典，士民不得擅祀。"如今北京朝阳门外东南的日坛，就是明清两代帝王祭祀太阳的地方。

　　当然，民间也有各种祭祀活动，这里就不得不提到春社。古代人们将立春后的第五个戊日叫"社日"，在这一天，人们会举办各种各样的活动祭祀社神。社神又称土地神，古代人们会在春社日祭祀土地神，以祈求农业的丰收。因为古代生产力水平较低，先民们都是靠天吃饭，因此，每逢春耕之时，举行盛大的祭祀活动，祈求天地诸神的保佑，这一年能够风调雨顺，五谷丰登。并且，与春社对应的还有秋社，即在秋收之后，再次举行盛大的祭祀活动，以感谢"天""地"的恩赐。中国民间的春社活动对于广大农民来说是十分重大的事情，关乎着一个村子这一年的丰收情况，往往是以村子为单位，全村共同举办，因而又称"村社"。

　　除了祭祀天地以外，在春分日这天，家家户户还要扫墓祭祖，称"春祭"。扫墓前，要先在祠堂举行隆重的祭祖仪式。祭祖仪式从杀猪、宰羊献祭开始，再由鼓手吹奏乐曲，由礼生念祭文，并带引着行三献礼。扫墓的队伍往往有几百甚至上千人，一般是全族人或全村人一起出动，规模十分庞大。扫墓开始时，首先扫祭开基祖和远祖的坟墓，之后再分房扫祭各房

❶ 清潘荣陛撰。此书是关于北京岁时风物的专著。全书仅一卷，以月份为单位，介绍了一年十二个月北京的节日、游艺、时品等习俗。

祖先的坟墓，最后是各家扫祭家庭私墓。这一祭祀活动时间长，规模大，一般从春分日开始，要一直延续到清明。

除了一系列的祭祀活动，在春分日这一天，民间还有各种有意思的民俗，比如竖蛋、吃春菜、送春牛图、粘雀子嘴、踏青、放风筝等。各式各样的民俗活动，使得繁忙的春耕时节更加热闹，也象征着一年的新生活的开启。

五、清明

（一）节气释义

清明是二十四节气中的第五个节气，取天地清明之义。此时斗柄指乙位，太阳到达黄经 15 度，《淮南子·天文训》曰："春分后十五日，斗指乙，则清明风至。"清明在农历三月，所以又称"三月节"，是一个反映物候的节气，交节时间点对应的公历日期一般在 4 月 4 日至 6 日中的一天。《月令七十二候集解》中载："清明，三月节。……物至此时皆以洁齐而清明矣。"因而到了清明时节，气温上升，生气始盛，天气清净明朗，万物欣欣向荣。

（二）节气三候

中国古代将清明分为三候："初候，桐始华；二候，田鼠化为鴽，牡丹华；三候，虹始见。"在清明的第一个五天里，可以看见桐树开花。在我国黄河流域，桐树通常指的是泡桐树，泡桐树开出的是淡紫

色的花，香气沁人心脾，不早不晚，恰赶上了清明时节。桐树在中国文化中具有吉祥的意义，人们认为如果桐树不开花，则当年必有大寒，这一物候也是对未来天气的预知。再过五日，喜阴的田鼠因为天气转暖，阳气日盛而躲回洞穴之内，而喜阳的䴔鸟却开始出来活动了。䴔在古书上指鹌鹑类的小鸟。人们看到田鼠消失不见，而䴔鸟却多了起来，误以为是田鼠转化为了䴔鸟。"田鼠化为䴔"也说明清明时节阴气潜藏而阳气渐盛。接着，牡丹也开花了。到了第三个五天时，就可以在雨后的天空看到彩虹出现。"虹，音洪，阴阳交会之气，纯阴纯阳则无，若云薄漏日，日穿雨影，则虹见。"清明时节雨水较多，雨后的空气中水汽含量较高，在阳光的照耀下折射和反射出美丽的彩虹，彩虹的出现，标志着时间进入了春季的最后一个月——季春。

（三）气候特点

到了清明时，就进入了春季的最后一个月，这个时候，除了东北与西北地区外，全国大部分地区的日平均气温都已经达到了 12℃以上。北方地区气温回升较快，降水相对较少，干燥多风，因而以沙尘天气居多。江淮地区，冷暖变化较大，伴随着雷雨天气，导致降水增多，气温时有下降。而此时的江南地区，正是一片"清明时节雨纷纷"的景象，气温升高，降水充沛，非常适合农作物的生长，中国许多地区开启了大面积的播种期。

需要注意的是，清明虽然已经是季春时节，气温

普遍升高，但天气情况仍然变化不定，时不时会有寒
潮过程出现。尤其是北方地区，乍暖还寒的天气对小
麦、林、果等的生长影响较大。因而，在繁忙的农事
中，农民仍然需要把握农时，抓住"冷尾暖头"的天
气，抢晴播种。

（四）气候农事

清明时节的气温和雨量十分适合春耕春种，因而
在农事的安排上，清明是一个关键期。对于许多越冬
作物来说，此时正是生长的旺盛时期，比如，此时黄
淮以南的小麦即将孕穗，金灿灿的油菜花也已经开放，
东北与西北地区的小麦则进入了拔节期。所谓"清明
前后，种瓜点豆"，对于瓜、豆等农作物来说，清明
正是播种的好时节，同时，北方的旱作、江南的早中
稻也进入了播种季节，农民需抓紧时机，及时播种。
而华中地区，由于天气回暖，气温已经达到12℃以上，
因此，棉花的种植也要及时安排，正所谓"清明前，
好种棉"。清明大面积的作物耕种对于雨量的需求十
分大，因此要做好保墒，保证作物用水的供应，同时
针对清明期间时有寒潮出现的情况，还应做好防寒防
冻的工作。

清明温暖的气候与充沛的雨水，能极大地提高树
苗的存活率，因此"植树造林，莫过清明"，农民除
了田间地头的耕作，还应积极植树造林。"梨花风起
正清明"，这个时候正是各种果树的授粉期，盛开的
花儿吸引来蜂蝶，果农此时也要做好人工辅助授粉的
工作，提高坐果率。在南方的山坡上，茶树进入了抽

芽期，此刻要做好茶树的病虫防治工作；已经开始采茶的区域，则要做好科学采摘工作，以确保新茶的品质与产量。

（五）民俗文化

在二十四节气中，清明是唯一一个既是节气又是节日的节气。清明节又称"踏青节""行清节""三月节""祭祖节""冥节"，处于仲春与暮春之交，是中华民族古老的节日之一。中国传统的清明节始于周代，距今已经有两千五百多年的历史了。

古代在清明节的前两日或一日还有一个节日，即"寒食节"。《荆楚岁时记》记载："去冬一百五日，即有疾风甚雨，谓之寒食。禁火三日，造饧大麦粥。"这一天，家家户户禁止生火，只吃现成的食物，因而称"寒食"。寒食节本是远古人在春天"改火"形成的习俗，"改火"是指每年将使用了一年的火种熄灭，重燃新火以图吉利。后来民间演变成了为了纪念晋国名臣介子推。春秋时期，晋国公子重耳与介子推流亡列国，公子重耳饥饿时，介子推割下自己大腿上的肉供公子重耳食用。后重耳回到晋国成为晋文公，封赏时却忘记了介子推。介子推也不求功名利禄，与母亲隐居绵山。经过旁人的提醒，晋文公意识到自己的错误，便焚山以逼介子推下山。结果，介子推宁可与母亲一起被烧死也不肯下山受封，晋文公因此懊悔不已，为纪念介子推，便下令这一天为寒食节，所有人家都不得生火，只能吃冷食。

寒食节在古代是一个重大的节日。汉代时，人们

称寒食节为"禁烟节"，这一天百姓家里不得举火，到了晚上才由宫中点燃烛火，并将火种传至王侯大臣家里。山西民间在"禁烟节"期间还会禁火一个月表示纪念。

唐代时，寒食节还盛行扫墓，以悼念故去的先祖。为此，朝廷还特意规定了假日，方便官员们祭祖。开元年间，朝廷规定寒食、清明放假四天。到了贞元年间，寒食、清明的假期增加到七天。宋代时，寒食节也放假七天。北宋《文昌杂录》中就记载："祠部休假，岁凡七十有六日，元日、寒食、冬至各七日。"

清明扫墓祭祖的习俗自秦汉时期就已经确立，而寒食节扫墓祭祖的习俗则是在唐代时才有。后来由于寒食节与清明节日期相近，两个节日便逐渐合而为一，变成了一个节日，甚至还有"寒食清明"的说法。此外，除了扫墓祭祖外，寒食节与清明节的许多习俗都是一样的，比如踏青、荡秋千、蹴鞠等娱乐活动。寒食清明流传至今，禁火、寒食等习俗都已不在，但扫墓祭祖等习俗依然保留着。

清明节作为传统的重大春祭节日，是在融合了上巳节❷和寒食节的习俗内容的基础上而流传下来的。扫墓祭祖和踏青郊游是这一节日的两大习俗。清明节作为我国三大鬼节之一，扫墓祭祖的习俗在各地都比较流行，规模较大，过程也较烦琐，整个节期较长，一般要持续 20 天左右，很多地方从春分时就开始了。祭祖活动一般分两种形式：一是在家或祠堂祭祀祖先，二是上坟或扫墓。陈文达《台湾县志》记载："清明，祭其祖先，祭扫坟墓，必邀亲友同行，妇女亦驾车到

❶ 庞元英撰。作者是宋仁宗宰相庞籍的儿子，于宋神宗元丰年间入尚书省作主客郎中。此书记录的是他在职时的所见所闻。因尚书省古称"文昌天府"，故书亦以此为名。

❷ 上巳节，俗称三月三，是汉族传统节日，古人会在三月初三这一天举行"祓除畔浴"活动，人们结伴去水边沐浴，称为"祓禊"，此外还有祭祀宴饮、曲水流觞、郊外游春等内容。

山。祭毕，席地为饮，落暮而还。"

清明节除了扫墓祭祖的习俗外，还有踏青、插柳、荡秋千、蹴鞠等娱乐活动，此外清明还流行吃青团子、吃馓子、吃清明粑、采食螺蛳等习俗。

六、谷雨

（一）节气释义

谷雨是二十四节气中的第六个节气，也是春季最后一个节气，反映的是降水现象。谷雨将"谷"和"雨"联系起来，有"雨生百谷"的意思。《群芳谱》曰："清明后十五日乃谷雨，雨为天地之合气，谷得雨而生也。"此时寒潮已经基本结束，气温回升加快，田中的各类作物正处在生长旺期，急需雨水的滋润，而谷雨时节充足而及时的降水非常有利于各类作物的茁壮成长。谷雨的"谷"并非指稻谷，而是古代百谷的统称，即农作物的统称。因此，谷雨前后的降水对农民来说，是预示着农作物丰收的吉兆。《管子》曰："时雨乃降，五谷百果乃登。"

谷雨时节，斗柄指辰，太阳到达黄经 30 度，交节时间点对应着公历中每年的 4 月 19 日至 21 日中的一天。谷雨节气的特点是气温升高，降水增多，时见彩虹，蚊虫开始活跃。

（二）节气三候

中国古代将谷雨分为三候："初候，萍始生；二候，鸣鸠拂其羽；三候，戴胜降于桑。"谷雨刚开始的五

日里，因为气温升高，相应的水温也增高了，已经满足水中的萍草生长需要，因而可以看到水池内的浮萍出现。再五日，就会看到鸠鸟在枝头"咕咕咕"地鸣叫，还会用喙梳理着自己的羽毛。因为鸠鸟与布谷鸟的叫声相似，古代人们往往误以为鸠鸟就是布谷鸟，因而又有布谷鸟催农民播种（布谷）的说法。再过五日，就会看到戴胜鸟在桑树丛中飞来飞去。戴胜鸟的出现也意味着桑树生长的繁盛，对于养蚕的农民来说，这是一个极好的物候征兆。

●戴胜

（三）气候特点

谷雨是春季最后一个节气，此时已是暮春时节，时间进入了 4 月下旬，因而全国大部分地区的气温都已经达到 20℃以上，华南地区甚至会有一两天出现 30℃以上的高温，一些低海拔的河谷地带已经进入夏季。

所谓"清明断雪，谷雨断霜"，这也意味着谷雨时节的天气已经转为稳定的温暖气候，地面阳气旺盛，开始多雨。尤其是南方地区，一旦冷暖空气交汇，便会形成较长时间的降雨天气。此时的南方地区正处于春雨期，但北方地区则可能处于春旱期，降雨量也由秦岭—淮河附近向北逐渐递减。

（四）气候农事

谷雨前后，气候温和，降雨增多，对于谷物的生长发育影响较大。所谓"雨生百谷"，适量的降雨，有利于越冬作物的返青和春播作物的播种出苗。此时的冬小麦正处于抽穗扬花期，玉米、棉花也在幼苗期，这些作物都需要充足的雨水滋润以促进生长发育。《月令七十二候集解》载："谷雨，三月中。自雨水后，土膏脉动，今又雨其谷于水也。……盖谷以此时播种，自上而下也。"谷雨是春耕时节的又一次珍贵的雨期，"春雨贵如油"，但雨水过量或者雨水过少都会对农作物的产量造成危害。因此，对于多雨的南方地区，要以防治春涝为主，而对于少雨的北方地区，则要预防春旱，加强灌溉，保障农作物生长的用水需求。

所谓"谷雨有雨好种棉"，依据农学研究，棉花的种植温度要在 12℃以上，此时全国大部分地区都

已经达到了这一温度。因此，"清明早，小满迟，谷雨种棉正当时"。即使是气温相对较低的华北地区，此时也进入了播种棉花的时节。如果下雨及时，土壤得到了湿润，棉花籽吸收充足的水分后，加上适宜的温度，很快便能发芽长出苗了。但如果遇到春旱，土壤没有雨水的滋润，土质坚硬，棉花的出苗时间也会延长，就会影响丰收。并且，此时养蚕也进入了一个关键期。谷雨时的物候之一就是"戴胜降于桑"，繁盛的桑树叶为蚕的生长发育提供了最好的食物，因而养蚕的人们也迫切需要雨水。在古代，遇上久旱不雨的情况，人们往往只能听天由命，常常会举行祈雨等活动，以祈祷上天布雨。但随着现代科技的发展，农民们已经可以通过各种水利设施实施灌溉，以保障农作物的用水需要，来获得丰收。

此外，谷雨时节气温升高，降雨增多，空气湿度大，是虫卵繁殖的旺盛时期，病虫害极易传播，因此，防治病虫害的工作也需重视。

（五）民俗文化

谷雨是反映农田耕作的节气，因而大多数习俗都与农耕有关。比如自汉代以来，民间就有"谷雨祭仓颉❶"的习俗，并一直流传至今。仓颉是黄帝时期造字的左史官，见鸟兽的足迹而受到启发，创造了文字。据《淮南子》记载，黄帝于春末夏初发布诏令，宣布仓颉造字成功。仓颉造字成功，为人类文明的进步作出了重要贡献，感动了玉皇大帝。当时正值民间遭遇灾荒，于是，玉皇大帝便命令天兵打开天宫的粮仓，下了一场谷子雨以作为奖赏，人们因此得救。

❶ 仓颉，原姓侯冈，名颉，俗称仓颉先师，又称史皇氏、苍王、仓圣。《说文解字》《世本》《淮南子》皆记载仓颉是黄帝时期造字的左史官。

为霖图

雲従龍風従虎
聖人作而萬物覩
雲行雨施品物流
行
天地解而雷雨作雷
雨作而百果草木皆
甲坼解之時大矣
哉

退谷出龍眠居士為霖圖先
不書晴古玉其神奇趣動少
不敢置一辭也　風王案題

李公麟抄筆

●宋李公麟为霖图

一人乘龙由天而降，上方有风雷云雨诸神伴随，当是祈雨降福的情状。

　　仓颉死后，人们便把他安葬在他的家乡——白水县史官镇，墓门上刻了一副对联："雨粟当年感天帝，同文永世配桥陵。"人们还把祭祀仓颉的日子定为下谷雨的那天，也就是谷雨节。此后，每年的谷雨节，陕西省渭南市白水县的仓颉庙都要举行传统的庙会来纪念仓颉，成千上万的人从四面八方赶来参会，场面十分隆重。祭祀仓颉的活动一般持续七至十天，庙会期间，人们除了举行盛大的祭奠仪式，还会有扭秧歌、跑竹马、耍社火、武术表演等活动，以表达对仓圣的崇敬和怀念。

　　谷雨时节的习俗，除了祭仓颉，还有喝谷雨茶。由于谷雨时节，气温升高，降水增多，尤其是南方地区，天气已经开始炎热，湿热的天气让人们喜欢喝茶，也更关注茶叶的生产。所谓"清明见芽，谷雨见茶"，清明时节的茶树还只是冒出了嫩芽，而在谷雨的时候，嫩芽已经长成鲜叶，品质上乘，产量较大，既是采茶的好时节，又是品茶的好时候。因此，谷雨"吃好茶，雨前嫩尖采谷芽"，好茶正是采于谷雨时节，雨前茶就是谷雨茶，又叫二春茶。相传，谷雨这天喝谷雨茶可以清火、辟邪、明目等。南方地区在谷雨时节采茶、制茶、交易茶、喝谷雨茶已成习俗。

　　对于渔民来说，谷雨也是一个十分重要的节气。在山东沿海地区，每年都会举行谷雨祭海的活动，这一习俗已经延续了两千多年。谷雨时节，海水变得温暖，各种鱼类行至浅海水域，是渔民捕捞的大好时节。每逢谷雨这一天，渔民们就抬着猪头、饽饽等供品到海神庙、娘娘庙，进行海祭，以祈求海神保佑自己出

海平安，满载而归。因此，谷雨节也被渔民们称为"壮行节"。"壮行节"一般要持续好几天，其间渔民们放焰火、唱大戏、敲锣打鼓，场面十分隆重。

此外，谷雨时节，民间还流行吃香椿、赏牡丹、贴谷雨贴 ❶、走谷雨 ❷、祭拜太阳等习俗。

第二节　夏之节气

夏季是一年中的第二个季节，也是一年中最热的时候，这期间，既有夏熟作物的收割，又有秋作物的播种，还有春播作物的追肥灌溉等，是一个十分忙碌的季节。夏季的节气中包含着立夏、小满、芒种、夏至、小暑、大暑六个节气。

一、立夏

（一）节气释义

立夏又称"四月节"，是二十四节气中的第七个节气，也是夏季的第一个节气。立夏的交节时间点对应着公历每年的 5 月 5 日或 6 日，此时斗柄指向常羊之维，也就是东南方的位置，太阳到达黄经 45 度的位置。《月令七十二候集解》曰："立夏，四月节。立字解见春。夏，假也，物至此时皆假大也。"意思是春天播种的植物到立夏的时候都长大了。

❶ 谷雨贴是年画的一种，上面通常绘神鸡捉蝎、天师除五毒等形象或道教神符，寄托着人们驱杀害虫、盼望丰收的祈盼。这一习俗在山东、山西、陕西等地十分流行。

❷ 走谷雨，即谷雨这天出去玩，相传有强身健体、祛除百病的效果，这也给了旧时女子走出闺阁，亲近自然的机会。

●清院本十二月令图 四月

树木茂盛，百花齐放，人们在雨中执伞而行，散步赏花。

●清院本十二月令图　五月

龙舟竞发，锣鼓喧腾，两岸民家争相凭栏观赏。

●清院本十二月令图　六月

仕女们有的乘着小船在荷塘里采莲，有的在高楼上消暑。文士们有的在亭台边垂钓，有的领着书童搬书、晒书。

立夏作为"四立"之一的节气，早在战国时期就已经确立了，代表着夏季的开始，古代又称"春尽日"。从天文学的角度，立夏标志着春季结束，夏季开始。但从气候学的角度，当日平均气温稳定达到 22℃ 以上，才能算是夏季的开始。立夏时节的特点就是温度明显升高，炎暑降临，雷雨增多，农作物的生长进入旺季。

（二）节气三候

中国古代将立夏分为三候："初候，蝼蝈鸣；二候，蚯蚓出；三候，王瓜生。"蝼蝈，即蛙。《逸周书·时训解》 ❶："立夏之日，蝼蝈鸣。"朱右曾校释："蝼蝈，蛙之属，蛙鸣始于二月，立夏而鸣者，其形较小，其色褐黑，好聚浅水而鸣。"立夏这一天，可以听到蛙聒噪的鸣叫声；又过五日，由于气温升高，地下的蚯蚓翻松着泥土爬到地面，呼吸着新鲜空气；再过五日，在野草中就可以看见野生的王瓜，也就是土瓜，已经生苗，藤蔓也开始快速攀爬生长。

❶《逸周书》，先秦史籍。本名《周书》，隋唐以后也称《汲冢周书》，是一部记录周代历史的书，内容庞杂，涉及史事、思想等。今本全书 10 卷，正文 70 篇，其中 11 篇有目无文，42 篇为晋五经博士孔晁所做的注。

（三）气候特点

立夏虽然标志着夏季的开始，但由于我国幅员辽阔，各个地区进入夏季的时间并不一致。按照气候学的标准，立夏前后，只有我国的福州—南岭一线以南地区才真正进入了夏季，这一范围大致接近于黄河中下游地区，也就是二十四节气的发源地。因此，立夏前后，更准确地说，是黄河中下游地区的春季结束，夏季开始。而此时，我国的东北和西北部地区只能算

才刚刚进入春季，而全国大部分地区的日平均气温也维持在 18℃ 至 20℃，正处于"百般红紫斗芳菲"的仲春和暮春季节。

立夏前后，全国气温回升都很快，尤其是华北、西北等地，气温迅速升高，但降雨量仍然偏少，加上多大风，地面蒸发快，因而气候偏干燥，土壤容易干旱。而在我国的南方地区，则与北方差异较大。立夏后，江南地区正式进入雨季，降雨量与降雨时间明显增多。长江中下游和华南地区进入前汛期，此时多暴雨天气，河流水位高升，所谓"立夏、小满，江满、河满"，此时极易发生暴雨引起的洪涝、泥石流灾害。

（四）气候农事

立夏时节，万物生长。此时，我国南方地区的早稻已经分蘖❶，油菜也接近成熟，夏收作物普遍进入了生长末期。比如，西南地区的大小麦和油菜则已经进入了收割期，所谓"立夏三坂（麦、油菜、樱桃）黄"说的就是这一地区。因此，完成收割后，农民又紧接着进入水稻的插秧工作中去。而我国北方地区的冬小麦正在扬花灌浆，春播作物大豆、玉米、高粱、棉花等已经相继出苗，此时的田间管理尤其重要。但是由于北方此时多处于降水不足的状态，再加上干热风的压迫，极易导致农作物的减产，因此要加强水肥管理，做好抗旱工作。另外，也要防止小麦锈病的发生，及时给麦地喷洒农药。

❶ 分蘖（niè），禾本科等植物在地面以下或接近地面处所发生的分枝。

●小麦・油菜・樱桃

茶树在立夏前后春梢发育最快，所谓"谷雨很少摘，立夏摘不辍"，此时的采茶工作也须抓紧，不然稍晚一步，茶叶就老了。同时，立夏时节还是查苗、补苗的关键期。如果秧苗过稠或者过稀，就要抓住时机定苗、补苗。比如，所谓的"立夏种棉花，有柴没疙瘩"，就是说此时已经过了棉花的种植季节，但春种的棉花也已经出苗，农民们应当及时查苗，并且利用有利时机进行补苗、中耕定苗，以及做好棉花的灌溉工作。

此外，"立夏三天遍地锄"。立夏时节，不仅农作物生长渐旺，田间的杂草也顺势起来了，就如农谚中说的"一天不锄草，三天锄不了"。此时勤锄地，不仅可以锄掉田间杂草，而且可以给土地松土，防止水分蒸发，加速土壤养分分解，促进玉米、高粱、棉花等作物的健康生长。

（五）民俗文化

与立春类似，在古代，立夏时人们也会举行隆重的迎夏仪式。周代时，迎夏仪式一般是由天子亲自参与，即由天子率众卿到南郊迎夏、祭神、尝新、举办宴会。《后汉书·祭祀志》载："立夏之日，迎夏于南郊，祭赤帝祝融。车旗服饰皆赤。歌《朱明》，八佾舞《云翘》之舞。"立夏之日，周天子斋戒沐浴，着赤色礼服，配朱色玉佩，亲率三公九卿和众大夫到南郊迎夏，祭祀祖先和诸神。《礼记·月令》载："孟夏之月其帝炎帝，其神祝融，余夏月皆然。"《晋书》❶也有记载："帝高阳之子重黎为'夏官祝融'。"因此，祝融是

❶《晋书》是由唐太宗钦命，房玄龄等人编写的一部纪传体晋代史，二十四史之一。包括帝纪10卷、志20卷、载记30卷、列传70卷，共计130卷。

掌管夏天的夏神，人们在立夏祭祀夏神祝融，祈求其保佑夏季农作物的生长。

后世沿袭了这一习俗，宋代时，礼节更加烦琐，除了迎夏，还要在各地祭祀神山大川。明代时开始有"尝新"的习俗。即在迎夏完毕后，皇帝与群臣汇聚一堂尝新。所谓尝新，就是品尝夏时三鲜，三鲜又有"地三鲜""树三鲜""水三鲜"之分。不同地区的夏时三鲜也有所不同："地三鲜"一般为苋菜、蚕豆、蒜苗、黄瓜、元麦等（其中的三样）；"树三鲜"通常指樱桃、枇杷、杏子、青梅、香椿头等（其中的三样）；"水三鲜"则主要有鲫鱼、河豚、鲳鱼、黄鱼、银鱼、海蛳等（其中的三样）。民间至今仍有"立夏见三鲜"的尝新习俗。到清代时，风俗就更盛了，增加了馈节、秤人、烹新茶等风俗。

除了迎夏尝新的习俗外，立夏时节另一重大的活动便是农历四月初八的浴佛节。浴佛节又称"浴佛会""龙华会"，是纪念佛祖释迦牟尼诞辰的节日，也是佛教最为盛大的节日之一。在浴佛节期间，主要有浴佛、放生、斋会、拜药王等习俗。

相传佛祖释迦牟尼的诞生日就在农历四月初八这一天，在这一天，各寺庙的僧尼会举行"浴佛法会"，进行上香点烛仪式，将铜佛置于水中，进行浴佛。而普通民众则争舍钱财、放生、求子，祈求佛祖保佑。南宋时，杭州西湖地区有在浴佛节举行放生会的习俗。《武林旧事》❶中就提道："四月八日为佛诞日，诸寺院各有浴佛会。僧尼辈竞以小盆贮铜像，浸以糖水，覆以花棚，铙钹交迎，遍往邸宅富室，以小杓浇灌，

❶ 南宋周密撰。地理杂记。武林是杭州的别称，因杭州有武林山得名，此书主要追忆南宋都城杭州的朝廷典礼、山川风俗、市肆节物等，故称旧事。

以求施利。是日西湖作放生会，舟楫甚盛。略如春时，小舟竞买龟鱼螺蚌放生。"有些地方则会在浴佛节期间举行求子活动。清代《日下旧闻考》中有记载："四月初八，燕京高粱桥碧霞元君庙，俗传是日降神，倾城妇女往乞灵祈生子，西湖、玉泉、碧云、香山游人相接。"除了求子的，浴佛节期间，女子们还好祈求姻缘。《清稗类钞·时令类》中就记载："四月初八日为浴佛节，宫中煮青豆，分赐宫女内监及内廷大臣，谓之吃缘豆。"

古代拜神求佛者众多，主要原因是科学技术水平的落后，人们难以应对不测的天灾和疾病，因而只能祈求神佛保佑，并由此衍生出了一系列与宗教相关的习俗来。

●宋刘松年撵茶图

● 宋钱选卢仝烹茶图（局部）

二、小满

（一）节气释义

小满是二十四节气中的第八个节气，也是夏季的第二个节气。小满一般在农历四月中下旬，交节时间点对应着公历每年的 5 月 21 日前后。此时斗柄指巳，太阳到达黄经 60 度的位置。关于小满的含义，《月令七十二候集解》曰："小满，四月中。小满者，物至于此，小得盈满。"宋代《懒真子录》也有曰："小满四月中，谓麦之气至此方小满，而未熟也。"《群芳谱》则曰："小满，物长至此，皆盈满地。"因此，农历四月中的时候，北方地区麦子的籽粒开始灌浆，已经开始变得饱满，但还没有完全成熟；南方种植水稻的地区，水田里的水已经蓄满，因此称作"小满"。这里，小满既反映了物候变化，又与降水相关。一方面有麦类等夏熟作物籽粒的饱满之"满"，另一方面也有雨水充盈，稻田里蓄满水之"满"。

（二）节气三候

中国古代将小满分为三候："初候，苦菜秀；二候，靡草死；三候，麦秋至。"说的是到了小满时节，田野里的苦菜花就开了；"秀"就是开花的意思。过了五日，就会看到蔓草开始枯萎了；靡草就是蔓草，蔓草喜阴，小满时的阳光强烈，一些枝条细软的蔓草受不了阳光的照射而开始枯萎。再过五日，麦子就开始成熟了；古人喜欢把成熟的时间叫作秋，因而麦子成熟的时间也被称为"麦秋"。在古人眼里，是因为小满时气候变热，催熟了麦子；如果麦子不熟，说明阴气太凶恶了，是不好的预兆。

（三）气候特点

小满时节，中国大部分地区的日平均气温都达到了 22℃以上，长江中下游地区甚至会出现 35℃以上的高温天气。此时天气由暖变热，南北温差缩小，降雨也增多了。对于北方而言，小满时节的日照时长往往是二十四节气中最长的，强烈的日照一方面有利于小麦等作物的成熟，另一方面气温的升高加上北方降雨量较少，空气十分干燥，部分地区的气温往往要高于南方。西北高原地区，此时已经进入了雨季，作物生长旺盛，一片欣欣向荣。

而南方地区气温普遍较高，降雨也普遍增多。由于南方的暖湿气流活跃，与北方南下的冷空气交汇，往往会出现持续大范围的降水，比如南方就有"小满江河满"的农谚。如果冷空气较强，南方地区还会出现长时间的低温阴雨天气，即"五月寒"，从而影响早稻稻穗的发育以及扬花授粉。但也会遇到降雨偏少的时候，甚至会出现"小满不满，干断田坎"的干旱气候。

（四）气候农事

在小满时节，各地农事都十分繁忙，但由于我国南北跨度大，各地的农事活动又各不一样。在东北地区，小满前后春播工作已经基本结束，农事活动主要是春播作物的田间管理，及时间苗、定苗、查苗、补

苗或移苗。同时，要注意防御大风和强降温天气，必须定期锄草、松土，以提高地温，做好人工防风、防雹工作，以免突发恶劣天气给农作物带来损失。

华北地区此时进入了三夏大忙时期，所谓"小满天赶天"，此时春播结束，冬小麦等夏熟作物进入收割期，农民往往要全家动员，为夏收做准备。与此同时，由于夏收之后，紧接着就是点种秋季作物的工作，所以农民们还要做好点种准备。一旦错过点种时机，很容易就会影响秋季作物的收成。

西北地区此时进入了雨季，各种农作物都进入了生长旺期，因此冬、春小麦的浇水、松土、防治病虫害工作十分重要，尤其是春小麦的种植区要抓紧施肥。同时，春种的玉米也已经进入了定苗、中耕除草阶段。

华中地区在小满时节已经进入了夏熟作物的全面收割阶段，由南向北，先后收割完成。这一时段，农民既要抓住晴好天气，抢收成熟的小麦等作物，也要加强麦田的后期管理，所谓"麦怕四月风，风后一场空"，一定要浇好"麦黄水"，防御干热风造成的小麦减产。与此同时，还需一边抢收，一边抓紧时间栽插中稻，并给早稻田里注水施肥，防治螟虫等害虫。玉米、高粱等春作物的锄草、培土工作也十分重要。棉花要做好查苗、补苗、间苗、定苗等工作。此外，夏季是虫灾高发时段，各地还需做好防虫工作。

南方地区在小满时节则有"小满不满，干断田坎"之说，此时正是适宜水稻栽插的季节，对于水的需求量十分巨大，只有雨水充盈，田里灌满了水，才更有利于水稻的栽插。所谓"蓄水如蓄粮""保水如保粮"，

此时农民最主要的工作就是抗御干旱，注意早稻移栽后的浅水灌溉、适时施肥。此外，还需抓住晴好天气，适时收晒成熟的小麦、油菜等，避免强暴雨天气造成粮油作物的损失。

　　除了各地忙碌的农活，此时春蚕已经开始吐丝结茧了，养蚕人家也进入繁忙的缫丝工作。《清嘉录》❶ 中记载："小满乍来，蚕妇煮茧，治车缫丝，昼夜操作。"

❶ 清顾禄撰。这是一部记录吴地民情风俗的岁时纪，全书十二卷，每月一卷，按月分条记民间节令风俗，共二百四十二则。

●明吴彬岁华纪胜图　蚕市

（五）民俗文化

　　虽然小满节气各地都处于农忙时期，但为了迎接、庆祝小满，民间仍然有各种各样的习俗。

　　在我国有"小满动三车"的习俗，这"三车"就是"丝车""油车""田车"。其中"田车"就是指"递引溪河之水，传戽入田"的水车。在古代，水车车水对于农村排灌是十分重要的事，按照惯例，数车在小满时启动。因此，祭拜车神也是人们对水利排灌的重视。祭车神在农村地区是一个相当古老的小满习俗。相传"车神"为白龙，每逢小满时节，人们就在水车的车基上放置鱼肉、香烛等物品进行祭拜。祭拜时还有一个特殊的仪式，就是在供祭的物品中有一杯白水，祭拜时，将这杯白水泼入田中，有祝愿水源涌旺之意。

除了车神，与小满相关的还有一个蚕神。相传，小满是蚕神的诞辰，因此，在小满这一天，我国的江浙地区还有一个祈蚕节。中国的农耕文化以"男耕女织"为典型，北方的女织原料主要是棉花，而南方的女织原料则以蚕丝为主。蚕丝需要靠蚕茧抽丝而得，而我国江浙地区的养蚕业尤其兴盛，因此对于蚕神自然十分崇拜。又因为蚕对生存环境的要求较高，是比较娇贵的"宠物"，很难养活，所以又被人们视作"天物"。蚕农为了祈求蚕能顺利结茧，抽更多的丝，便会在蚕神的诞辰日（也就是小满）过祈蚕节。祈蚕节时，蚕农便纷纷赶到"蚕神庙"祭拜蚕神，供上丰盛的美酒佳肴，祈求蚕神的保佑。

除了上面的习俗，人们在小满期间还有抢水、吃苦菜、吃"捻捻转儿"、食"油茶面"等习俗。

三、芒种

（一）节气释义

芒种是二十四节气中的第九个节气，也是夏季的第三个节气。此时，斗柄指丙，太阳到达黄经 75 度的位置，交节时间点对应着公历每年的 6 月 5 日至 7 日中的一天。芒种也称"忙种"，指"忙收又忙种"。

这一节气期间,中国大部分地区的农业生产正处于"夏收、夏种、夏管"的"三夏"大忙季节。"芒种"之"芒"也指有芒的作物,即麦子、稻子。《周礼·地官》曰:"泽草所生,种之芒种。"郑玄注:"泽草之所生,其地可种芒种,芒种,稻麦也。"《月令七十二候集解》曰:"芒种,五月节。谓有芒之种谷可稼种矣。"因此,芒种有两层含义:一是指麦子等芒作物已经成熟,抢收忙碌;二是指晚谷、黍、稷等芒作物到了播种的季节,夏播忙碌。

(二)节气三候

中国古代将芒种分为三候:"初候,螳螂生;二候,鵙始鸣;三候,反舌无声。"螳螂即"刀螂","初候,螳螂生"指芒种的前五日里,人们可以看到小螳螂从卵鞘中破壳而出,出现在了田间地头的庄稼叶上。"二候,鵙始鸣",鵙又叫伯劳鸟,指又过了五日,伯劳鸟开始鸣叫。"三候,反舌无声",指再五日,原本喜欢歌唱的反舌鸟逐渐变得安静,不再鸣叫。

(三)气候特点

芒种时节,气温显著升高,雨量更加充沛。除了青藏高原和黑龙江最北部的一些地区外,中国南北的温度差距基本可以忽略,全国大部分地区都是高温天气,黄淮地区、西北地区东部还会出现40℃以上的高温天气。

伴随着气温的升高,南方的暖空气与北方的冷空气在江淮流域对峙,长江中下游地区此时将进入漫长

的梅雨季节。梅雨天的气候特点是空气湿度大，气候闷热，日照时间极少，持续性降雨。梅雨季节一般持续有一个月之久，直到最后南方的暖空气逐渐控制了江淮流域，漫长的雨季才会结束。

（四）气候农事

在我国北方地区，主要是旱地农业，农作物以小麦为主；在我国的南方地区，则主要是水田农业，农作物以水稻为主。在芒种时节，北方地区的小麦作物成熟，进入了收割期；而南方的水稻也要抓紧插秧，因此芒种是"忙收（麦）又忙种（稻）"。"芒种芒种，忙收又忙种。"这句农谚可谓十分恰当地诠释了芒种时节农事活动的忙碌。

当然，夏收并不仅仅是大麦、小麦这些有芒作物的收割，还有油菜、马铃薯、黄瓜、空心菜和毛豆等作物的收获。而"忙种"也不仅仅指南方水稻的插秧，还有大秋作物的播种，例如夏高粱、夏大豆、芝麻、玉米、晚谷、糜子等作物的播种。此外，芒种时节除了"夏收""夏种"，还有"夏管"。例如华北地区、西南地区和华中地区，在做好夏收和夏种的同时，还要做好田间管理，尤其是棉田的管理。农民要及时给棉田喷洒农药以防治蚜虫，给棉田浇水施肥。

此时的长江中下游地区已经进入梅雨季节，梅雨季节持续时间较长，雨量较大，温度较高，日照较少，偶尔还会出现低温天气。梅雨季节的雨量对于庄稼的生长是十分有利的，尤其是水稻、棉花等作物，此时在炎热的夏季正是缺水的时候，一场适时适量的梅雨

堪比"贵如油"的春雨。但是，如果梅雨天来得过晚，或者梅雨季节的雨量过少，也会造成农作物受旱。因此，也须及时关注降水情况，根据苗情的具体情况进行肥水管理，同时要防治梅雨季节的病虫害。

（五）民俗文化

芒种节气一般在端午节前后，因而在芒种期间，民间最热闹的活动是庆祝端午节。端午节，又称"端阳节""龙舟节""重午节""蒲节""天中节""诗人节"等。端午节是中国四大传统节日之一，闻一多 ❶ 先生在《端午考》中认为，端午系古代持龙图腾崇拜民族的祭祖日。当然，最为人们所熟知的传说，则是人们在端午节这一天纪念伟大的爱国诗人屈原。也有传说是纪念伍子胥，还有传说是纪念孝女曹娥救父投江的。但是，不论端午节如何起源，节日的习俗却都是差不多的，比如，吃粽子和赛龙舟。

吃粽子是端午节的重要习俗之一，据闻一多先生考证，古代的吴越民族以龙为图腾，为表示自己是龙的子孙，他们还有断发文身的习俗。每年的端午节，他们都要举行盛大的图腾祭，将各种食物装在竹筒或裹在树叶里，一部分会扔到水里，献祭给图腾神（蛟龙），一部分则留着人们自己吃。在纪念屈原的传说中，也有人们将包好的粽子投入水里，为的是让水中的鱼虾蟹吃饱后，不去咬食屈原的身体。

❶ 中国现代伟大的爱国主义者，坚定的民主战士，中国民主同盟早期领导人，中国共产党的挚友，诗人和学者。

●元人天中佳景图

"天中"是端午节的别称，画面上方为道教的四道灵符，灵符中间是钟
馗画像，瓶内插有石榴、蜀葵、菖蒲等五月花卉，枝头挂着香囊。盘中
放着石榴、粽子等，整幅画有端午驱鬼迎福之意。

端午节另一重要的活动是赛龙舟，即龙舟竞渡。
广东、台湾等地也称"扒龙船"，四川合川一带则称
"抢江"。这也是古代龙图腾祭祀的活动，一般分为
请龙、祭龙神、游龙和收龙几个板块，人们通过这种
方式以祈求福佑。龙舟竞渡前通常有庄严的请龙仪式，
例如湖南地区就有在赛龙舟前，桡手要扛着龙头祭祀
屈原，称"祭龙头"。祭神后，参赛者们在锣鼓喧天
中准备竞渡。

芒种前后，仅民间庆祝端午节的习俗就有很多，
除了吃粽子和赛龙舟，还有贴端午符、挂艾草、戴香
囊、喝雄黄酒、射柳、击球、斗草等习俗。除此之外，
不同地区在芒种期间还有各种特色的习俗。比如，在
我国的南方地区，每年的五、六月份是梅子成熟的季
节，因而有煮梅的习俗；北方地区则有将乌梅和甘草、
山楂、冰糖等合煮酸梅汤以供解暑的习俗；贵州东南
部的侗族青年男女，在芒种前后会举办打泥巴仗节；
江南地区则会在芒种日举行饯花会❶，送花神，以表
达对花神的感谢之情，盼望来年的再会，此外也有用
丝绸悬挂花枝以示送别的。

❶ 古代民间岁时风俗，
流行于江南地区，每年农
历芒种日举行。民间认为
芒种过后，百花凋零，花
神退位，于是在芒种这一
天摆礼物为花神饯行。

●元吴廷晖龙舟夺标图

四、夏至

（一）节气释义

夏至是二十四节气中的第十个节气，也是夏季中的第四个节气。早在西周时期，人们就已经通过土圭测日影的方法确定了夏至日。陈希龄《恪遵宪度抄本》曰："阳极之至，阴气始生，日北至，日长至，日影短至，故曰夏至。"《月令七十二候集解》曰："夏至，五月中。……万物于此皆假大而至极也。"《汉学堂经解》❶所集《三礼义宗》曰："夏至为中者，至有三义：一以明阳气之至极，二以明阴气之始至，三以明日行之北至。故谓之至。"夏至的到来说明夏季已经过半，交节时间点对应着公历每年的 6 月 21 日或 22 日，此时，斗柄指午，太阳到达黄经 90 度的位置。夏至日是一年中北半球日照时间最长的一天，阳光几乎直射北回归线。自此日起，太阳逐渐向南回归线移动，白昼渐短，黑夜渐长。这就是"吃了夏至面，一天短一线"的原因。

夏至日时，虽然在节气上夏季已经过半，但"不过夏至不热"，自夏至日始，表示炎热的夏季正式开始，但夏至日并不是最热的时候，所谓"夏至三庚数头伏"，夏至日后的三伏天才是夏季以及一年中最热的时候。夏至最显著的特点就是高温、潮湿，多暴雨天，长江流域此时正处于梅雨天气中。

❶ 作者是黄奭，清代著名的辑佚家，其作品《汉学堂经解》（一名《黄氏逸书考》）奠定了他在辑佚学中的地位。

（二）节气三候

中国古代将夏至分为三候："初候，鹿角解；

二候，蜩始鸣；三候，半夏生。"中国古代民间认为，鹿角是朝前生的，属阳，夏至日时，阳气衰而阴气生，所以鹿角开始脱落。五日后，树上的蝉儿开始鸣叫了。又五日，沼泽地和水田中，一种喜阴的草药开始出苗了，因此时夏季刚好过了一半，故而称其为"半夏"❶。喜阴植物的生长也预示着阳气的衰退和阴气的渐生。

❶ 半夏，又名地文、守田等，药用植物，广泛分布于中国长江流域以及东北、华北等地区，在西藏也有分布。具有燥湿化痰、降逆止呕、消痞散结的功效。

●鹿角

（三）气候特点

夏至期间，我国大部分地区气温较高，日照充足，十分利于农作物的生长。同时，作物生长对降水的需求也较大。此时，全国大部分地区的降水量都明显增加，降水多为雷阵雨，来得猛烈，去得也迅疾。这是由于夏至以后地面受热强烈，空气对流旺盛，容易致

雨。但夏至的雷阵雨一般只集中在小范围内，所谓"东边日出西边雨，道是无晴却有晴"，夏至时往往晴雨只隔了一条田坎的距离，就像农谚里说的那样："夏雨隔牛背，乌鸦湿半翅。"而长江淮河流域正处于梅雨季节，降水较充沛，如有夏旱，此时也能缓解。但也容易出现暴雨天气，进而引发洪涝灾害。

（四）气候农事

夏至时节，天气越来越炎热，全国呈普遍性高温。此时，东北地区已经开始收割小麦。华北地区进入了紧张的定苗拔草工作，因为夏至时农田的杂草和农作物一样生长旺盛，不仅与农作物争水争肥，而且容易寄生病菌和害虫。西北地区，此时的冬小麦已经成熟，农民开始收割，而对于春小麦则要做好防虫的准备工作，以免虫害对小麦的收成造成影响。所谓"夏至不栽，东倒西歪"，水稻在夏至节气还没栽插完毕，必然会影响水稻的生长。因此，西南地区的水稻抢栽工作已经完毕。华中地区的农民此时主要工作是抓紧单季晚稻的栽插，同时做好双季晚稻秧田的管理工作。华南地区的早稻已经成熟，进入了收获时节。此时农民一边要及时收割早稻，另一边，对于中稻要耘田追肥，对于晚稻要继续播种。同时，种植的玉米、早黄豆也到了收获的季节，所以农民要做好抢收工作。"夏至三庚数头伏"，夏至后再过二三十天就会迎来全年最热的伏天，华南东部地区往往会陷入伏旱，因此要早早做好蓄水工作，以保障农作物丰收。

（五）民俗文化

在中国古代，夏至不仅是重要的节气之一，也是一个重要的节日，称"夏节"。早在汉代时，夏至就已经成为较重要的节日。有些朝代，朝廷还有在夏至日放假的习俗，宋代《文昌杂录》中就有记载，朝廷在夏至日会给官吏们放三天的假，让官吏们回家团聚。但由于夏至日正处于夏忙，人们的节日活动较少，北方地区主要是祭天祈雨，南方地区则主要是祭天祈晴，但人们祭天拜神的目的，主要还是祈求消灾年丰。一方面是感谢上天赐予了夏季的丰收，另一方面则祈求接下来的秋天能够有好的收成。

同时，由于夏季天气炎热，夏至日后天气将转入至热的三伏天，因此，人们还会进行消夏避伏。比如，在饮食方面，人们也以防暑为主，制作各种凉食、凉糕，饮用清热消暑的菊花茶、金银花茶等。北方地区还有夏至吃面的习俗，正所谓"冬至饺子夏至面，三伏烙饼摊鸡蛋"。而岭南地区则有在夏至吃荔枝、食狗肉的习俗。所谓"夏至食个荔，一年都无弊"，人们认为在夏至吃荔枝，可以抵御疾病的侵害，一年都健健康康。除了饮食方面的习俗，人们还会制作各种工具，如扇子、凉帽、凉席等来防暑。《清嘉录》中就有记载："街坊叫卖凉粉、鲜果、瓜、藕、芥辣索粉，皆爽口之物。什物则有蕉扇、苎巾、麻布蒲鞋、草席、竹席、竹夫人、藤枕之类，沿门担供不绝。……茶坊以金银花、菊花点汤，谓之'双花'。面肆添卖半汤大面，日未午已散市。"

在古代，人们没有空调、冰箱，降温和保存食

物该怎么办呢？用冰。在皇家或者一些富贵人家每到炎热的夏季，就会拿出"冬藏夏用"的冰块来解暑。早在周代的时候，朝廷就专门设立了管理冰政的"凌人"。《周礼·卷五》载："凌人，掌冰正。岁十有二月，令斩冰，三其凌。"人们将冬季储藏的冰块从冰窖取出，放入青铜制作的冰鉴中，通过冰块融化来降温。皇家在夏季还会取出冰块，赐给大臣纳凉。而民间想要用冰，大多都要靠购买，一些商家会在冬季藏冰，再待到夏季时卖给海鲜店或做冷饮生意的小贩。

此外，夏至日时，南方地区一般多降雨，空气潮湿，气温又高，极易发生病虫害，因此，还有在农作物上撒菊叶灰的习俗，来防病虫害。

五、小暑

（一）节气释义

小暑，又称"六月节"，是二十四节气中的第十一个节气，也是夏季的第五个节气，从小暑开始，酷暑也就开始了。小暑的"暑"就是炎热的意思，小暑就是小小的炎热，还没热到极点。《月令七十二候集解》曰："小暑，六月节。……暑，热也。就热之中，分为大小，月初为小，月中为大，今则热气犹小也。"小暑的交节时间点对应的公历日期为每年的7月6日至8日中的一天，此时斗柄指丁，太阳位置到达黄经105度。小暑时节除了天气炎热外，还有大量的降水和强风天气。小暑时，全国各地都进入了雷雨暴风最多的季节，大量的强降雨，还常常伴有雷电或

冰雹，以至于民间有农谚说"小暑大暑，灌死老鼠"，连藏在洞里的老鼠都被淹死了，可见雨势之大。同时，这一时节还是台风、飓风高发的时期，沿海地区常常遭受台风的肆虐。

（二）节气三候

中国古代将小暑分为三候："初候，温风至；二候，蟋蟀居壁；三候，鹰始挚。"小暑时节，全国各地都散发着炎热的气息，大地上没有一丝凉风吹过，所有的风都带着热浪。五日后，因为天气的炎热，连田野中的蟋蟀都躲到稍微阴凉一些的庭院墙角下避暑。《诗经·豳风·七月》中就有这样的描述："七月在野，八月在宇，九月在户，十月蟋蟀入我床下。"此处的"八月"就是指小暑节气。再过五日，因为地面的温度实在太高，连苍鹰都在比较清凉的高空中活动，开始练习搏杀猎食的技术。

（三）气候特点

小暑时，除了西北高原北部仍可见霜雪，中国大部分地区已经进入盛夏。南方地区日平均气温普遍在26℃左右，华南东南低海拔河谷地区日平均气温开始高于30℃，高温时段可达35℃以上。华南、西南和青藏高原地区，受到来自印度洋和我国西南季风的影响，开始进入雨季。秦岭—淮河一线以北的地区受太平洋的东南季风影响，开始进入雨季，华北、东北降水明显增加且降雨量比较集中。长江淮河流域此时的梅雨季节已经进入尾声，由于受到副热带高压控制，

❶《诗经·豳风·七月》是中国古代第一部诗歌总集《诗经》中的一首诗。此诗反映了周代早期的农业生产情况和农民的日常生活情况，不仅有重要的历史价值，同时也是一首杰出的叙事兼抒情的名诗。

气温显著升高，伏旱期来临。所谓"小暑雷，黄梅回；
倒黄梅，十八天"，此时南方地区时常出现雷雨暴风
天气，这是"倒黄梅"天气的预兆。此时的强降水虽
然能在一定程度上缓解伏旱，但也极易造成洪涝灾害，
常常伴有的冰雹、台风等天气也会摧毁农作物。

（四）气候农事

对于农民来说，小暑时节是夏秋作物田间管理的
重要时刻。东北与西北地区，冬小麦和春小麦进入成
熟期，要及时收割。此时的早稻已处于灌浆后期，要
做好随时收割的准备；中稻已经拔节，进入孕穗期，
要依据水稻的长势及时追施穗肥；单季晚稻正在分
蘖，要早施分蘖肥；双晚秧苗要施足"送嫁肥"，防
治病虫害。

此时，日照充足，雨量充沛，气温恒高，十分有
利于农作物的生长。但同时，所谓"小暑连大暑，锄
草防涝莫踌躇"，各种农田间的杂草疯狂生长，必须
做好锄草工作，保障农作物的养分供应。此外，"小
暑雨涟涟，防汛最当先"，小暑高温多雨的天气也极
易引发洪涝灾害，从北方到南方都应做好防涝工作。
江淮流域因为进入了伏旱期，降水相对减少，应当做
好抗旱工作。

（五）民俗文化

小暑时节，天气已较炎热，高温气候让人们的活
动也变少了。但农历的六月六是民间的天贶节，"贶"
有赐予、赠予的意思。相传宋真宗赵恒在某年的六月

初六，声称自己获得了一本上天赐予的天书，于是便将这一天定为天贶节，还为此在泰山脚下的岱庙建造了一座宏大的天贶殿。

天贶节也称回娘家节、姑姑节、虫王节。虽然它在民间只是一个小节日，但人们在这一天还是会进行各种各样庆祝节日的活动。所谓"六月六晒龙衣，龙衣晒不干，连阴带晴四十五天"。这时候，家家户户都要把家里的衣物、棉被、书画、器具等搬出来晒太阳。由于小暑时，日照充足，地表温度又高，人们觉得在此日晾晒，可以用阳光杀死虫蚁，避免各种物品被虫蛀，因而还有"六月六，晒红绿"的说法。对于佛寺来说，六月六还是翻经节，僧侣们在这一天，会把院里的藏经拿出来翻检曝晒。

除了晒衣物，妇女在天贶节这一天还要回娘家，因而也叫"回娘家节""姑姑节"。民谚说的"六月六，请姑姑"，指的就是在天贶节这天，小孩子要跟随自己的母亲到姥姥家去过节。傍晚回家前，姥姥会在孩子的额头上印上红色的印记，以辟邪求福。

在贵州贞丰等地，六月六还是布依族的传统佳节。节日这天一大早，村寨中德高望重的几位老人便会率领着青壮年们举行传统的祭盘古、扫寨赶鬼的活动。这一节日还有一项盛大的活动就是"躲山"。男女老少们穿上特色的民族服饰，带着糯米饭、鸡、鸭、鱼、肉和酒水，到寨子外的山坡上"躲山"。人们聚在一起说古唱今，开展各式各样的娱乐活动。待夕阳西下时，"躲山"的人每家每户都席地而坐，取出自家的美酒美食，相互邀约做客。等响起"分肉咯！分

肉咯"的喊声时，人们会选出身强力壮的小伙子，分成四组，到祭山的地方抬回四只牛腿，其余的人则相互结伴回家，随后各家会派人到寨子里取祭山神的牛肉。自此，整个庆祝活动才算结束。

除了庆祝六月六，在过去的民间，人们还有小暑"食新"的习俗，即在小暑过后尝新米。小暑时，大部分夏收作物都已经收获，家家户户在这个时候，都会将新收的稻谷碾成米，做出丰盛的饭菜，在院中、屋内都摆上供桌，来祭祀五谷大神和祖先。安徽的西南部还会在供桌上摆上小麦，贴上"福"字，焚香放炮。供品中，除了新收的谷物，还会有新酿的美酒，新上市的蔬菜等，人们也会在仪式结束后，聚在一起高高兴兴地吃上一顿大餐。

六、大暑

（一）节气释义

大暑是二十四节气中的第十二个节气，也是夏季最后一个节气。"暑"是炎热的意思，相对于"小小的炎热"的小暑而言，大暑则是指炎热到了极点。《月令七十二候集解》载："大暑，六月中。解见小暑。""月初为小，月中为大"，此时，热气较小暑而言更盛。大暑的交节时间点对应着公历每年的 7 月 22 日至 24 日中的一天，此时斗柄指未，太阳的位置到达黄经 120 度，是一年中最热的时候。农谚中有"小暑不算热，大暑正伏天"的说法，此时正值"三伏"的"中伏"前后，日照为一年中最多，气温也达到一

年中最高，并且多雷暴台风，气候潮湿，"湿热交蒸"
达到了极点。

（二）节气三候

中国古代将大暑分为三候："初候，腐草为萤；
二候，土润溽暑；三候，大雨时行。""萤"就是萤
火虫，大暑的前五天，夜晚时，人们会看到萤火虫在
草丛间飞舞。古人误以为萤火虫是由腐草和烂竹根转
化而生的，但其实这是因为萤火虫将卵产在了水边的
草根上，草蛹在次年的大暑时节纷纷化为了萤火虫。
又五日，天气开始变得闷热，高温潮湿的气候，使得
土壤也变得温暖湿润，十分有利于农作物的快速生长。
大暑的后五日，由于高温天气加上越来越重的湿气，
闷热的气候使得天空中随时都会形成雨水落下。所谓
"热极生风，闷极生雨"，此时可以看到路上来往的
行人都备有雨具，以防突然袭来的雨水。

（三）气候特点

大暑的气候大致可以概括为四个字，就是"雨热
同期"。此时既是一年中日照最多的时候，也是一年
中最炎热的时候，还是一年中降水量最多的时候。大
暑时节正值一年中三伏的中伏前后，气温达到最高。
所谓"热在三伏"，三伏中又属中伏最热，此时除了
青藏高原和东北的北部地区，大部分地区的气温都在
30℃以上，南方日平均气温常常达到35℃，个别地
区还会经常出现40℃以上的高温，全国各地的温度
相差不大。同时大暑时节恰逢雨季，雨量比其他月份

明显增多，尤其是雷暴雨天气偏多，高温潮湿的天气使得大暑时节十分闷热。虽然此时炎热的气候对于人体来说并不舒适，却十分有利于农作物的生长。

（四）气候农事

大暑这个节气在农业生产上是十分关键的，此时虽然气候炎热、雷暴雨天气较多，但对于大部分处于伏旱中的农作物来说，却是十分有利于生长的。农民既要忙于收割，还要抢时播种，因此这也是一年中最紧张、最艰苦的收获季节。

大暑时节，华中地区春播的水稻和玉米都已经先后成熟，所谓"禾到大暑日夜黄"，农民要抓住晴好天气，及时抢收。正所谓"大暑不割禾，一天少一箩"，及时抢收有利于避免后期的雷暴雨天气导致庄稼的减产。同时，早收早种，及时收割翻地，适时栽插晚稻，还能够给农作物争取足够的生长期。

虽然大暑时节大部分地区都是"雨热同期"，但我国长江中下游地区仍然处于三伏期间。由于受到副热带高压的控制，降水十分稀少，再加上炎热的天气，导致地表水分蒸发极快，土壤湿度降低，极易发生干旱。所谓"小暑雨如银，大暑雨如金"，此时的作物正处于生长的旺盛期，对水分的需求十分迫切，因此农民须做好抗旱工作，及时灌溉。此外，此时的棉花已处于花铃期，大豆开花结荚，一旦土壤缺水，就会导致减产，也要做好及时灌溉。黄淮平原，此时的夏玉米也已经拔节孕穗，同样是产量形成的关键期，为了避免"卡脖旱"，适时足量的

田间灌溉十分重要。在西北地区，农民主要的农事活动就是深耕土地，准备种植冬小麦，同时为种植玉米的土地追肥、灌溉。

（五）民俗文化

相较于小暑，大暑时的民间活动和节日就要多得多了。全国各地的人们都在通过各种各样的形式消暑、送暑，这一点在饮食习俗上体现得最为明显。

在鲁南地区，人们会在大暑这一天喝羊肉汤，称之为"喝暑羊"。经过紧张而忙碌的夏收劳动，人们选择全家人聚在一起，吃着新麦做的馒馍，喝着鲜美的羊肉汤，好好地休息一下。因此，逢大暑喝羊肉汤对于鲁南地区的人来说是一个特别的活动，直到现在也依然保留着这一习俗。

而在福建莆田地区，则有逢大暑吃荔枝的习俗，称作"过大暑"。人们将荔枝采摘后浸入冷泉中，食用时再用白色的瓷盆盛出。相传在晚间洗浴之后，新月初升之时食用荔枝最佳。

在广东的很多地区，最重要的一种消暑食品就是"仙草"❶，因而又有大暑时节"吃仙草"的习俗。大暑时节，人们将其茎叶晒干后做成烧仙草，加入糖水和果汁，吃起来清凉可口，是一种极佳的消暑甜品，广东一带也称为凉粉。除了广东的用仙草做成的凉粉，还有用薜荔（木莲）的果实制作而成的凉粉。清代吴其濬的《植物名实图考》❷中就有记载这种做法："木莲即薜荔，自江而南，皆曰'木馒头'，俗以其实中子浸汁为凉粉，以解暑。"

❶ 仙草又名仙人草、凉粉草等，属唇形科凉粉草属一年生草本宿根植物，是重要的药食两用植物，具有清暑、解热的功效。

❷《植物名实图考》，清吴其濬撰，这是一部长篇植物学巨著，收载植物 1714 种，分为谷、蔬、山草、隰草、石草、水草、蔓草、芳草、毒草、群芳、果、木共 12 类。在近代植物学界有深刻的影响。

●宋徽宗荔枝图

除了丰富的饮食习俗，人们在大暑时节还有许多
娱乐活动。浙江沿海地区，在大暑时节送"大暑船"
是传统的民间习俗。当地专门建有五圣庙，大暑时会
举办盛大的庙会，人们聚在一起祭祀祈福、送"大暑
船"。相传晚清时，这一带疫病流行，民间则认为是
五圣（张元伯、刘元达、赵公明、史文业、钟仕贵均
系凶神）所致，故建五圣庙，以佑平安。因此，送"大
暑船"意在将"五圣"送出海，送暑保佑一方平安。

此外，古人还有在大暑时节赏荷观莲的习俗。相
传每年农历的六月二十四是荷花的生日，每逢这一天，
男女老少都会纷纷来到荷塘泛舟赏荷花、消暑纳凉，
因此又称"观莲节"。清代文人徐阆斋在《竹枝词》
中就描绘了人们在"观莲节"赏荷花的情景："荷花
风前暑气收，荷花荡口碧波流。荷花今日是生日，郎
与妾船开并头。"

　　各种各样的民俗活动既丰富了人们的日常生活，让人们在闷热的大暑节气里多了一丝清凉与愉悦，也使劳动者们在繁忙的夏收工作后得以短暂休息。

●元王渊莲池禽戏图 卷（局部）

●元人夏景戏婴图

第三节　秋之节气

●清院本十二月令图　七月

闺中妇女焚香设案，对月乞巧，男士们弹琴奏乐。

●清院本十二月令图 八月

中秋夜，人们在楼上摆宴畅谈，欣赏月色。

●清院本十二月令图 九月

人们把家中的菊花端出来，放在一起欣赏，形成菊花盛会。

一、立秋

（一）节气释义

立秋是二十四节气中的第十三个节气，也是秋季的第一个节气。立秋是秋天的开始，是由阳盛逐渐转变为阴盛的节点，此时阳气渐收，阴气渐长。《月令七十二候集解》：“立秋，七月节。……秋，揫也，物于此而揫敛也。”立秋的交节时间点对应着公历每年的 8 月 7 日至 9 日中的一天，此时斗柄指背阳之维（西南），太阳到达黄经 135 度的位置。

立秋标志着天气开始转凉，但尚不寒冷，同时也标志着此时的万物开始成熟。《逸周书》❶ 中有载：“立秋之日秋风至。”《二十四节气解》也记载：“秋，就也，万物成就也。”可见，立秋一方面预示着炎热的盛夏即将过去，气候将更加宜人；另一方面也预示着农作物快要成熟了，秋忙即将开始。

❶《逸周书》原称《周书》或《周史记》，是我国古代历史文献汇编，大部分是战国时期作品。记事上起西周文王、武王，下迄春秋灵王、景王。

（二）节气三候

中国古代将立秋分为三候：“初候，凉风至；二候，白露降；三候，寒蝉鸣。”俗话说“立秋之日凉风至”，说的就是立秋后，空气中吹来的风是凉风，人们会感觉到天气的凉爽。但实际上，由于我国幅员辽阔，各地立秋的气候并不一样。所谓“秋后一伏，晒死老牛”，此时中国大部分地区仍然处于夏季的炎热之中，虽然早晚有些凉风，但多数时间里温度依然很高，甚至会超过头伏和二伏，这种炎热的气候也被人们生动地称为“秋老虎”。立秋的二候说的就

是五日后，早晨起来，人们就可以看到雾气产生，草木的枝叶上生满了白色的露珠。再过五日，此时的蝉儿由于食物充足，温度适宜，开始在树枝上得意地鸣叫。

（三）气候特点

立秋时节是秋季的开始，天气开始转凉。但我国各地区由于地理位置的不同，真正进入秋季的时间并不相同。按照我国气候学上四季划分的标准，平均气温高于 22℃的为夏季，平均气温介于 10℃与 22℃之间的为春季和秋季。虽然立秋之后在节气上已经是秋季了，但实际中，有些地方进入了秋季，但有些地方还停留在夏季。例如，我国东北地区的部分城市，夏季持续的时间比较短，一般在立秋之前就已经有了秋意，平均气温也在 22℃左右。而我国广州地区，立秋时节的平均气温仍然维持在 28℃左右，天气依旧炎热。可见，我国秋季南北温度的差异之大。

立秋也意味着降水和风暴天气趋于减少，空气中的湿度也逐渐下降。由于北方的冷空气东移南下，与南方北上的暖湿气流交汇于秦岭一带，常常为立秋后的北方带来秋雨，所谓"立秋南风紧，秋后必连阴"，特别是华北一带，立秋时节的降水依然很多。南方沿海地区，由于受到海上的热带低压气旋活动影响，依然有台风来袭，天气仍处于酷热。同时，长江中下游地区每年的三伏天的末伏也在立秋之后，因此，气温和降水的变化与夏季相比并不大。

（四）气候农事

立秋之后，虽然大部分地区的气候依然很炎热，但此时太阳已经向南偏移了不少，大秋作物基本都已成熟。所谓"立秋十日遍地黄"，农民们纷纷进入繁忙的秋收中了。华北地区，此时正是春玉米、春谷子的成熟时节，农民要做好收割准备，抢收作物。同时做好棉田管理也很重要，此时的棉花正值裂铃期。所谓"立了秋，把头揪"，农民要抓紧时间给棉花打尖，以控制棉田疯长，加速棉花的裂铃吐絮。此外，由于立秋温度依然较高，气候又很适宜病虫的繁殖，棉田的病虫害防治工作也不可懈怠。

西南地区的大秋作物也都进入了成熟阶段，农民要做好田间管理，促其早成熟，同时做好低温冻害的预防工作。华中地区的双季晚稻处于气温由高到低的环境里，农民必须抓紧高温时期，及时追肥中耕，并且要做好水稻螟虫的防治工作，加强田间管理。华南地区的中稻也已经开始抽穗，农民要及时加施穗肥。

所谓"立秋有雨，秋收有喜"，立秋时节适量的降水，十分有利于晚秋作物的成熟。一旦降水不足，农民要及时做好水肥管理，以免作物受旱造成减产。除了忙碌的秋收和大秋作物的田间管理，还要做好短期作物的播种，例如绿豆、大葱、芋头、大白菜等作物要赶在立秋前后抢种。

（五）民俗文化

立秋和立春、立夏一样，在中国古代也是一个十分重要的节气。作为一个新的季节的开始，除了有"迎

春""迎夏"，当然还有"迎秋"。古代也会举办一系列的活动来迎接秋天的到来。《吕氏春秋》中记载："先立秋三日，太史谒之天子曰：'某日立秋，盛德在金。'天子乃斋。立秋之日，天子亲率三公九卿诸侯大夫以迎秋于西郊。还，乃赏军率武人于朝。"古代的迎秋是一场全国性的活动，由天子领头，在立秋日的前三天，便由太史告知天子立秋的日子，天子提前准备沐浴斋戒，待立秋日当天，再由天子率领群臣，到西郊举行盛大的迎秋仪式。仪式结束回朝后，天子还要犒劳众军士。

除了朝廷的迎秋仪式，民间在立秋前后也有各种各样的活动和习俗。其中，最重要的就是中国传统的情人节——七夕节。七夕节一般在立秋的前后，相传这是牛郎织女一年一次相会的日子。古代的人们在七夕这天都会祭拜月亮、讲牛郎织女的爱情故事，年轻的女子还会穿着新衣在庭院中摆上茶、酒、水果、"五子"等祭品，向织女乞求智巧，即"乞巧"。

所谓"乞巧"，一方面是年轻的女子祭拜织女，乞求织女传授自己灵巧的手艺，让自己能够觅得如意郎君；另一方面则是年轻的女子聚在一起"斗巧"，大家穿针引线，做些小物件摆出来，验巧赛巧。当然，民间各地乞巧的方式各有不同，有穿针引线的、有蒸巧馍馍的，有烙巧果子的，还有生巧芽的……各有各的趣味。

七夕乞巧的习俗最早可以追溯到汉代，《西京杂记》中就有记载："汉彩女常以七月七日穿七孔针于开襟楼，俱以习之。"唐代的唐太宗和妃子们就喜欢

在七夕这一天夜宴，宫女们也各自乞巧。宋元之际，
京城中还设有专门卖乞巧物品的市场，称"乞巧市"。
人们会在乞巧市中逛街，购买乞巧物件。随着七夕节
乞巧活动越来越活跃，甚至发展出了热闹非凡的七夕
庙会。《东京梦华录》中就记载有这样的盛况："七
夕前三五日，车马盈市，罗绮满街，旋折未开荷花，
都人善假做双头莲，取玩一时，提携而归，路人往往
嗟爱。又小儿须买新荷叶执之，盖效颦磨喝乐 ❶。儿
童辈特地新妆，竞夸鲜丽。至初六日、七日晚，贵家
多结彩楼于庭，谓之'乞巧楼'。铺陈磨喝乐、花瓜、
酒炙、笔砚、针线，或儿童裁诗，女郎呈巧，焚香列拜，
谓之'乞巧'。"在江南地区，七夕节这天人们会
搭彩楼，妇女之间还会有相互赠送彩线的习俗。

　　七夕节期间，妇女们拜织女星乞巧，士人们则多
拜魁星 ❷、魁星爷。此外，在祭拜魁星的同时，人们
还会玩一种"取功名"的游戏，即用桂圆、榛子、花
生这三种干果，来分别代表状元、榜眼、探花三甲。
玩游戏的这个人，各拿一种干果在手中，朝桌子上投
去，让干果自由滚动，看哪一种干果滚到了谁的面前，
那么就代表这个人是哪一鼎甲，一直玩到大家都有功
名，游戏才算结束。

　　在立秋期间，除了迎秋和七夕节，各地各民族的
人们还有各种不同的习俗。例如，华北地区在立秋有
"贴秋膘"的习俗；安徽和江苏北部地区有在立秋之
夜"摸秋" ❸ 的习俗；西南的少数民族还会在立秋期
间过吃新节。

❶ 磨喝乐是古代民间七
夕节的儿童玩物，即小泥
偶。宋朝稍晚以后的磨喝
乐，越做越精致，磨喝乐
的大小、姿态不一，最大
的高约一米。

❷ 魁星，本作"奎星"，
是中国古代天文学中
二十八星宿之一。古代的
人们认为魁星主仕途，因
而科考中举也称"中魁"，
在月下拜魁星就是为了
乞求功名。

❸ 摸秋是指婚后尚未生
育的妇女，在小姑（或其
他女伴）的陪同下，到田
野间的瓜架、豆棚下暗中
摸索摘取瓜豆。摸秋是一
种祈愿得子的象征活动。

二、处暑

（一）节气释义

处暑是二十四节气中的第十四个节气，也是秋季的第二个节气。此时斗柄指申，太阳到达黄经 150 度的位置，交节时间点对应公历每年的 8 月 22 日至 24 日中的一天。处暑即"出暑"，"处"有"躲藏、终止"的意思。《月令七十二候集解》载："处暑，七月中。处，止也。暑气至此而止矣。"意思是到处暑时，夏季炎热的暑气才散去。到了处暑，最热的三伏天也就完结或接近尾声了，虽然处于短期回热的天气（秋老虎），但每年秋老虎的时间并不一定。《群芳谱》中就说处暑时"阴气渐长，暑将伏而潜处也"。从处暑开始，虽然天气有时候依然炎热，但气温逐步走低的趋势也进一步明显。

（二）节气三候

中国古代将处暑分为三候："初候，鹰乃祭鸟；二候，天地始肃；三候，禾乃登。"处暑时节的前五日，由于气温比夏季时凉爽了些，人们会看到各种鸟儿都出来活动，此时雄鹰也开始捕猎，它们将捕到吃不完的鸟儿放在地上，好像祭献鸟儿一般。又过五日，气温下降明显，大地有了凉气，可以看到一些草木已经开始发黄，天地间有了一股肃杀之气。再过五日，"禾乃登"，此处的"禾"是农作物的总称，主要指在秋季成熟的黍、稷、稻、粱等；而"登"就是成熟的意思。此时农田中的庄稼已经开始大面积成熟，农

民们也进入了紧张的秋收、秋藏工作。

（三）气候特点

处暑是一个反映气温变化的节气，处暑到了，就表示炎热的暑天结束了，随之而来的便是秋天的凉意。处暑是一个明显的降温转折点，此时太阳直射点继续南移，太阳辐射减弱，我国大部分地区天气转凉。所谓"暑去寒来"，虽然立秋到处暑这段时间内还会受到秋老虎的影响，维持短期的炎热，但处暑之后，便不会再有高温出现，到白露之后便是真正的凉爽了。

处暑是热节之尾，凉节之首。此时昼夜温差变大，早晚凉，中午热，平均气温要下降 $2 \sim 3$℃，降水也会减少，气候变得干燥。所谓"一场秋雨一场凉"，处暑时节降水量明显下降，但仍会出现雷暴天气，降雨过后，气温也会随之下降，凉爽的秋意会在夜晚袭来。秋雨既给人们带来了凉意，也对农作物大有好处。

（四）气候农事

处暑时节，大秋作物都已经成熟。东北地区的农民开始收割糜子、谷子和早玉米。华北地区谷子、春玉米、高粱等作物也都先后成熟，农民们纷纷开镰、打场、入仓；棉花也进入紧张的采收阶段。而西北地区和长江中下游地区则主要为冬小麦的选种、拌种做准备，此时一场适时的秋雨，对于即将播种的冬小麦尤为重要。西南地区的主要农事则是水稻的病虫害的防治工作，农民要利用晴好天气，及时喷洒农药，做好田间管理。

晚秋作物的生长对水分的需求很大，但处暑之后，我国大部分地区的雨季都即将结束，尤其是华北、东北和西北地区，此时要抓紧做好蓄水、保墒工作，以防止秋种期间出现干旱而延误播种，影响农作物来年的收成。

（五）民俗文化

处暑前后的节日民俗也有很多，全国各地都会举办不少活动。这其中，场面最为盛大的当属农历七月十五的中元节。中元节是中国的传统节日，也称"七月半""鬼节"，佛教称"盂兰盆节"。在中元节这天，人们会举行祭祖仪式、放河灯、祀亡魂、焚纸锭、祭祀土地等。

中元节原是上古时民间的祭祖节，俗称"七月半"。而"中元节"这一名称则是源于道教的说法，"盂兰盆节"则是佛教的说法。相传农历七月十五是地官大帝的诞辰，这一天，鬼门大开，各路鬼魂四出，正所谓"七月半，鬼乱窜"。因此，民间在这一天都会举行祭祖仪式，以祈求地官赦免祖先亡魂的罪过，同时也是祭祀一切亡灵的日子。人们祭祖的方式有两种：一种是家祭，在自家的祠堂内祭祀；另一种是墓祭，到祖先的墓地去祭祀。在祭祀祖先的同时，人们还会祭祀一下孤魂，以免他们在阴间为难自己的亡亲，为此民间还有在农历七月十五日夜为孤魂"烧孤衣"的习俗。如果孤魂没有人祭祀，公众就会请佛道法师"普度"。《泉州岁时记·中元》中有载："各家各户皆备办菜肴祭祀祖先……据传那些无'家'可归的

孤魂散鬼，可获赦罪，来到人间享受'普度'祭祀。"
另外，由于中元节这天是众鬼在阳间游走的日子，入
夜后在外行走就有与鬼相遇的危险，因而在农历七月
十五这天切忌出门。

　　"盂兰盆"是梵语的音译，本义为"救倒悬"，
说的是释迦牟尼的弟子目连❶求佛救度母亲的故事。
因此，在农历七月十五中元节这天，佛教众僧尼会举
行盂兰盆会，诵经施食，宣称可以使施主今生父母和
七世父母得以度厄脱难。后此俗流传开来，民间各地
也在中元节这天"为作盂兰盆，施佛及僧，以报父母
长养慈爱之恩"。

　　此外，中元节之夜还有放河灯的习俗，又称放水
灯、放湖灯。放河灯原本也是由寺庙兴起的，后来才
传入了民间。相传放河灯是为鬼魂引路的，人们在一
块小木板上扎一盏灯，在天刚黑时，放河灯的人们同
时点亮蜡烛，让河灯顺着水流漂浮而下，届时"烛影
摇红，似洒满江金银"。《燕京岁时记·放河灯》中
就记载了中元节时人们放河灯的情景："运河二闸，
自端阳以后，游人甚多，至中元日，例有盂兰会，扮
演秧歌狮子诸杂技，晚间沿河燃灯，谓之放河灯。中
元以后，则游船歇业矣。"

　　中元节在少数民族地区也十分流行，如满族、壮
族、毛南族、黎族、畲族、土家族等都有遗留。2011
年5月23日，国务院公布香港特别行政区申报的"中
元节（潮人盂兰胜会）"入选第三批国家级非物质文
化遗产名录，列入民俗项目类别。

❶ 为佛陀十大弟子之一，
被誉为神通第一。

三、白露

（一）节气释义

白露是二十四节气中的第十五个节气，也是秋季的第三个节气。露的生成是由于气温降低，空气中的水汽在地面或草木等物体上凝结为水珠。因此，白露是反映自然界寒气增长的一个重要节气，有气温下降、天气转凉之意。《月令七十二候集解》曰："白露，八月节。秋属金，金色白，阴气渐重，露凝而白也。"此时北斗七星的斗柄指向庚，太阳到达黄经165度的位置，交节时间点对应着公历每年的9月7日至9日中的一天。白露时节最显著的特征便是天气转凉，昼夜温差大，农谚中就有"过了白露节，夜寒日里热"的说法。

（二）节气三候

中国古代将白露分为三候："初候，鸿雁来；二候，玄鸟归；三候，群鸟养羞。"从白露时起，北方的天气渐渐寒冷，已经不适合大雁这种候鸟生活了，因此，白露节气之初，人们就能看见成群结队的大雁飞往南方越冬。除了大雁这种候鸟，生活在屋檐下的玄鸟，即燕子，也因为天气转凉，准备南飞越冬了。再五日，各种鸟儿们都开始贮存干果粮食以备寒冬了。这里的"羞"即"馐"，指各种食物，因为白露时节恰是秋天果实丰收的季节，因而鸟儿们也拥有了丰富的食物，开始养护增生自己的羽毛，并且面对即将来临的寒冬，它们早早地便开始屯粮了。

（三）气候特点

白露时节，我国大部分地区都已是天高气爽、云淡风轻，夏日炎热的暑气也已经彻底消去。随着夏季风的离去，冬季风逐渐加强，冷空气南下频繁。白天由于有日照尚热，但傍晚后，由于夜间常晴朗少云，地面辐射散热快，温度下降迅速并逐渐加快，昼夜温差大，并且由于夜晚温度较低，还出现了露水现象。正所谓"白露秋风夜，一夜凉一夜"，白露反映的正是由夏季到秋季的一个季节转换。此时，华南地区的平均气温要比处暑时节低 3℃左右，大部分地区的平均气温已经降到了 22℃以下，全国范围内基本上都已经进入了秋季。

除了气温的迅速下降，白露还是一个秋雨绵绵的时节。此时中国北方地区的降水明显减少，气候比较干燥。南方地区则会有秋雨降临，由于频繁南下的冷空气与台风相汇，冷暖空气势均力敌，形成了连续的低温阴雨天气。对于长江中下游地区来说，一场秋雨虽然可以缓解伏旱造成的缺水情况，但民间认为白露节下雨是个不好的征兆，因为"白露前是雨，白露后是鬼"，白露后的暴雨或低温连着阴雨对秋季作物生长十分不利。

（四）气候农事

白露既是秋收的时节，也是秋种的时节，此时全国各地都处于繁忙的农事活动中。东北平原地区，谷子、大豆、高粱等作物都已成熟，收割开始，一些地方的新棉采摘工作也已经开始。农民抢收的同时，还

要给棉花、玉米、高粱、谷子、大豆等选种留种，并及时翻耕土地，抢种小麦。华北地区的各种大秋作物也已经成熟，开始进行收获，秋收的同时，还要抓紧送肥、耕地、防治地下虫害，为种麦做准备。西北地区的冬小麦已经开始播种。黄淮地区以及江淮以南等地的单季晚稻也已扬花灌浆，双季晚稻即将抽穗，需要抓紧浅水勤灌，加强田间管理，促进早熟，同时需要预防低温阴雨天的侵害，注意防治稻瘟病、菌核病等病害。西南和华中地区的水稻都已成熟，需要抓紧时间收割。华中地区的夏玉米也开始收获，晚玉米则要加强水管理，而西南地区的晚秋作物如玉米、甘薯等则要加强田间管理，避免低温霜冻造成的危害。

（五）民俗文化

白露节气里有许多民俗，其中一定要提到的就是秋社。在中国古代，秋社和春社一样，是祭祀土地神的"社日"。秋社一般是在立秋后的第五个戊日举行，一般在白露、秋分前后，是十分重要的日子。按照中国传统的民间习俗，每到播种或收获的季节，农民都要祭祀土地神，以祈求、酬谢。秋社便是一种欢庆丰收、酬谢土地神的庆祝活动。宋代时有食糕、饮酒、妇女归宁之俗。《东京梦华录》中就有记载秋社日的情景：家家户户以社糕、社酒相互赠送；贵戚、宫院内制作社饭，请客供养；妇女在这一天还会回娘家，晚上才归来。宋代吴自牧《梦粱录·八月》中还有朝廷及州县差官于秋社日祭社稷于坛的记载。清代文士顾禄在《清嘉录·七月·斋田头》中也描述了农家"各

具粉团、鸡黍、瓜蔬之属"，在田间十字路口祭祀田神的景象。

饮白露茶是南京地方特色的节气习俗，旧时南京人就十分重视节气的"来"与"去"，因此有在白露节气饮茶的习俗，民间有"春茶苦，夏茶涩，要好喝，秋白露"的说法。所谓的白露茶就是在白露时节采摘的茶叶，此时的茶树经过夏季的酷热，茶叶较春茶的鲜嫩要熟一些，较夏茶的苦涩要甘醇一些，因而更受老茶客们的喜爱。

江苏太湖地区在白露时节则有祭禹王的习俗。因为禹王是传说中的治水英雄，所以当地的渔民都将禹王称为"水路菩萨"，每年的白露时节，都会举行盛大的香会祭祀禹王。香会一般要持续举办七天，分为祭拜、酬神、送神三个部分，祭祀中的供品也是以渔民在太湖中捕捞的水产为主。渔民通过祭祀禹王的形式，来祈求禹王保佑太湖风平浪静，渔民们也能够有丰盛的收获。

除此以外，民间各地在白露时节都有着不少习俗，比如湖南资兴的兴宁、三都、蓼江一带有啜米酒的习俗；福建福州地区有"白露必吃龙眼"的习俗；浙江温州等地则有过白露节的习俗，人们在这一天还会吃"十样白"❶煨鸡（或鸭子）。

❶ 十样白是指白芍、白芨、白术、白扁豆、白莲子、白茅根、白山药、百合、白茯苓和白晒参。

四、秋分

（一）节气释义

秋分是二十四节气中的第十六个节气，也是秋季

的第四个节气。"分"是"平分"，与春分类似，秋
分则是将秋季平分，因为在传统的看法中，从立秋开
始，到立冬之间都是秋季，而秋分刚好处于这一时期
的中间，"当秋之半"。同时秋分日时，太阳几乎直
射赤道，此时全球各地昼夜相等，《春秋繁露·阴阳
出入上下》曰："秋分者，阴阳相半也，故昼夜均而
寒暑平。"因此，这个"分"也是指昼夜的平分。秋
分时斗柄指酉，太阳到达黄经 180 度的位置，交节时
间点对应着公历每年的 9 月 22 日至 24 日中的一天。
秋分日后，太阳直射点将继续向赤道以南移动，北半
球将进入昼短夜长阶段，此时的昼夜温差逐渐加大，
气温也日渐降低。

（二）节气三候

中国古代将秋分分为三候："初候，雷始收声；
二候，蛰虫坏户；三候，水始涸。"夏季时由于天气
炎热，地表水蒸发快，空气湿度大，对流强烈，雷暴
雨天气多发。但到秋季时，天气转凉，阳气渐重，气
候也渐渐干燥，雷暴雨天气也逐渐减少，因而到秋分
时，已经几乎听不到雷声。由于气温显著下降，寒气
使得昆虫们开始藏到地下，并用细土将洞口封实，准
备蛰伏越冬。秋分的后五日里，因为降雨量的减少，
气候干燥，空气中的水分蒸发快，所以河流中的水开
始变少，低洼的水沟或沼泽逐渐干涸。

（三）气候特点

秋分时最显著的特点就是昼短夜长，此时太阳直

射的位置继续南移，北半球的日照时长越来越短，日照强度越来越弱，夜间的寒气越来越重，昼夜温差逐渐加大，幅度甚至高于 10℃以上。不仅是昼夜温差加大，秋分后整体的气温都是在逐日下降的，由于白天得到的阳光辐射越来越少，地面散热多而快，整体气温呈下降趋势。再加上北方的冷空气频频南下，气温的纬向分部更加明显，南北温差进一步扩大。从全国来看，西北、内蒙古、东北等北方地区的气温已经降到了 10℃以下，华北的气温在 10～20℃，长江以南也已经降到了 30℃以下。

秋分时节，降雨量显著减少。《逸周书》曰："秋分雷始收声。"此时雷暴雨天气几乎没有了，除了东北部分地区和渤海沿岸外，大部分地区的雨季已经结束。海南和台湾两地，由于仍时时受到台风影响，降雨量依然较多。所谓"一场秋雨一场寒"，秋雨过后，地表水分增多，水分的蒸发又会带走一部分地表贮存的热量，寒气又进一步增加。

（四）气候农事

按照天文学上的规定，北半球的秋季正是从秋分时开始的，此时，全国大部分地区都投入到了秋收、秋耕和秋种的"三秋"工作中。由于秋分后，一遇到冷空气活动，气温下降幅度就较大，庄稼极易遭受冻害。同时，秋分后虽然已经少有雷暴雨天气，但连续的低温阴雨天也极易造成秋收作物的倒伏、霉烂或发芽，严重影响秋季的收成。因此，秋分时一定要抢晴收晒，抢时秋耕，抢时秋种。但因为气候条件不同，

各地的"三秋"工作展开情况也不同。

我国的东北地区，此时水稻、玉米、高粱、大豆等都已经成熟，棉花也进入了分期采摘阶段，农民们都投入到紧张而忙碌的秋收中了。与此同时，农民们还要做好田间选种、留种以及播种冬小麦的工作。

所谓"白露早，寒露迟，秋分种麦正当时"，此时的华北地区秋收工作已经进入尾声，小麦的播种已经陆续开始。因为越冬的小麦对种植温度的要求较高，种早了，叶茎生长繁茂，越冬时容易受冻害，种迟了，麦苗生长细弱，养分积累不足，对越冬返青不利。因而，农民需要依据当地的气候条件，因时因地播种小麦。西北地区的糜子等谷物已经开始收割、脱粒，冬小麦也已经开始播种。

此时"三秋"最忙的当属西南地区，所谓"九月白露又秋分，收稻再把麦田耕"，农民们一面要赶紧抢收水稻和各种秋收作物，另一面还要深耕土地，为冬小麦、油菜等夏季作物的播种做准备，真正是边收边耕边种，一点儿农时都不能耽误。同时，还要做好田间管理工作，以提高土壤肥力，减少病虫害侵袭。

长江流域以及南部的大部分地区，此时正忙着晚稻的收割，"秋分收稻，寒露烧草"，人们纷纷抢晴收割、耕翻土地。同时，大江南北的油菜开始育种播种，北部地区的油菜开始直播。

（五）民俗文化

在中国古代，人们会在秋分这一天举行隆重的祭月仪式，称为"夕月"。"夕"指的是黄昏，此时月

亮升起来了，人们在黄昏时分祭祀月亮，即为"夕月"。所谓"春祭日，秋祭月"，秋分也就成了传统的祭月节。

　　每逢中秋祭月活动时，人们便在香案上摆满时令瓜果和月饼，待月亮升至半空中时，开始祭拜。民间还会用泥土制作成兔爷，在祭拜月亮的同时，人们还会祭拜兔爷。但是，由于秋分这一天在农历中的日期并不固定，导致人们祭月时，并不是每次所见的月亮都正好是圆月，这就难免令人有些扫兴。于是，人们便将祭月节调至中秋，即农历八月十五中秋节这一天。

　　中秋节，又叫团圆节、八月半，是中国民间的传统节日，自古便有祭月、赏月、吃月饼、走月亮、玩花灯、赏桂花、饮桂花酒等民俗。

　　唐代时，中秋节成为全国性的节日，因而中秋赏月的风俗盛极一时。无数文人墨客都留下了吟咏月亮的诗篇，唐代诗人王建❶在《十五夜望月寄杜郎中》中就描写了中秋赏月的情景："中庭地白树栖鸦，冷露无声湿桂花。今夜月明人尽望，不知秋思落谁家。"到宋代时，民间中秋赏月之风更盛，街上的酒楼、小店都挂满了彩绸，叫卖新鲜的佳果和各种美食，寻常百姓都会登上高台赏月，富贵人家也在自己家的楼阁上赏月，家家户户都会团聚在一起赏月、吃月饼。

❶ 王建（约767—约830），字仲初，许州（今河南省许昌市）人，唐朝大臣、诗人。

●清蒋廷锡桂花图

月饼自古以来就有着吉祥、团圆的寓意，本是祭月时供给月神的供品，后形成了中秋吃月饼的习俗。因此，每逢中秋佳节，家人们聚在一起品尝月饼就是一项必不可少的习俗。宋代《武林旧事》中就已经提到了月饼，明代的《西湖游览志余》卷二十中载："八月十五日谓之中秋，民间以月饼相遗，取团圆之意。"除了吃月饼，人们还会在中秋赏桂花、饮桂花酒、食用各种桂花制作的糕点，南方地区还有玩花灯的习俗。此外，民间还将嫦娥奔月、吴刚伐桂、玉兔捣药等神话故事与中秋节结合起来，令节日文化更加丰富多彩。

当然，除了秋分祭月的习俗，民间在秋分这一天也有各式各样的活动。比如，民间有秋分日挨家挨户送秋牛图的习俗，岭南地区有秋分吃秋菜的习俗，客家人会在秋分这一天给自己放假去粘雀子嘴、放风筝。

五、寒露

（一）节气释义

寒露是二十四节气中的第十七个节气，也是秋季的第五个节气。与白露相似，寒露也是一个反映气候变化特征的节气，所谓"寒者，露之气，先白而后寒，固有渐也"。可见，寒露时节，露水更浓，寒气更重。《月令七十二候集解》中载："寒露，九月节。露气寒冷，将凝结也"。此时，斗柄指辛，太阳到达黄经195度的位置，交节时间点对应着公历每年的10月7日至9日中的一天。寒露标志着时令已是深秋，气温下降更快，昼夜温差更大，天气干燥更显著，大部分

地区开始出现霜冻现象。《诗经》中说："七月流火，九月授衣。"寒露所对应的农历正是九月，此时代表盛夏的大火星早已西沉，人们已经开始准备寒衣了，这也意味着寒冷的冬天已经不远了。

（二）节气三候

中国古代将寒露分为三候："初候，鸿雁来宾；二候，雀入大水为蛤；三候，菊有黄花。"寒露时节已是深秋，距离白露时大雁南飞已经过去一个月了，人们仍然会看到成群的大雁飞往南方越冬。农谚中有"大雁不过九月九，小燕不过三月三"的说法，因此，最后一批越冬的鸿雁也在寒露时飞往南方。"雀入大水为蛤"指的是鸟雀潜入了大海变成了蛤贝。在古代，人们认为离开北方的鸟雀是潜入了大海中，化成了与鸟雀羽毛的花纹相似的蛤贝。虽然不科学，但也反映了古人丰富的想象力。寒露时节，虽然百花已经凋零，但菊花却能凌霜盛开。菊花也成了秋季的代表性花卉，被称为"秋菊"。

（三）气候特点

寒露时节，全国大部分地区降温较大，北方地区已经完全是深秋，东北、西北地区也即将进入冬季，西北高原的平均气温已经普遍低于10℃，东北和内蒙古的西北部平均气温甚至已经达到了5℃以下，从气候学上来说，已经是冬季了。由于我国南北纬度跨度大，与即将进入冬季的北方不同，南方地区才刚刚进入秋季，华南地区的日平均气温在20℃左右，但气温却一直呈下降趋势。

●清恽寿平菊花图

寒露以后，除了云南、四川和贵州局部地区偶尔还有雷声外，全国大部分地区的雨季都已经结束，降雨减少，气候更加干燥。同时，由于降水减少，晴好天气较多，日照率高，温度宜人，因此多秋高气爽天气。北方的冷空气势力越来越强，频频南下，南方的秋意更浓了，此时露水也增多了。所谓"露水先白而后寒"，由于寒露节气后，昼夜温差加大，日照强度减弱，寒气渐生，晨露更凉，寒露时节的白露已经凝结为晶莹的寒霜，部分地区还会出现霜冻现象。但部分年份会受到夏季风的影响，造成秋雨绵绵的天气，进而使空气湿度增大，云量增多，雾天增加。秋绵雨的发生一定程度上可以缓解秋播前的干旱，但极易影响"三秋"的进度和质量。

（四）气候农事

所谓"寒露时节天渐寒，农夫天天不停闲"，虽然此时的气温较低，寒气较重，但还是比较适宜秋季播种的。此时的农事活动主要以农作物的收割与播种为主。此时华北地区大部分的小麦已经种下，农民的主要工作便是抢收水稻、棉花、荞麦、甜菜等作物，同时利用农闲时间，做好植树造林工作。西北地区的农民主要是忙于冬小麦的播种工作，同时还要为来年的春播做准备。西南地区，由于寒露前后秋风秋雨比较频繁，因此，农民们需要抓住晴好天气，及时抢收水稻、玉米和豆类作物，同时，油菜和豌豆等作物也要抓紧时间播种。华中地区的农民则要做好早熟单季晚稻的收割准备，对于处于灌浆期的双季晚稻要加强

田间管理，做好灌水工作，保持田面湿润。此外，南方水稻种植区域还要做好防御"寒露风"的工作，避免作物因霜冻灾害导致减产。

（五）民俗文化

在寒露前后最重要的节日就是九月九日重阳节。重阳节也叫登高节、女儿节、茱萸节、菊花节等。重阳节作为中国传统节日，具有十分悠久的历史。早在战国时期，屈原的《远游》❶篇中就已经出现了"重阳"的叫法，到汉代时，已有过重阳节的活动。唐代时，重阳节已成为民间重要的庆祝节日。人们会在重阳节这一天登高、赏菊、插茱萸、吃重阳糕、饮菊花酒。

登高这一习俗相传是起源于汉代"桓景避灾"的故事，南朝梁吴均《续齐谐记·九日登高》中记载："汝南桓景随费长房游学累年。长房谓曰：'九月九日汝家中当有灾，宜急去，令家人各作绛囊盛茱萸以系臂，登高饮菊花酒，此祸可除。'景如言，齐家登山，夕还，见鸡、犬、牛、羊，一时暴死。长房闻之曰：'此可代也。'"此后人们便在九月初九登高、佩戴茱萸、饮菊花酒，以求驱邪免祸。

除了登高、佩戴茱萸，人们还有重阳节赏菊的习俗。寒露节气的物候之一便是"菊有黄花"，此时正是菊花盛开的时节，赏菊便成了重阳里一项重要的内容。相传赏菊的习俗源于晋代大诗人陶渊明，其爱菊出名，后人为了效仿他，便有了重阳节赏菊的习俗。因此，每逢重阳节，民间就会举办盛大的花会，各类菊花名品荟萃，同时还会点燃菊灯，举办赏花赏灯之

❶《楚辞》中的一首诗。此诗主要写想象中的天上远游，表达了作者对现实人间的理想追求。

宴。清代时，赏菊之习更盛，并且不限于九月九日，但仍然以重阳节前后最为热闹。此外，以菊花为原料制作而成的菊花酒、菊花糕等，也是人们在节日里必不可少的赏菊伴侣。《西京杂记》中就有记载："九月九日，佩茱萸，食蓬饵，饮菊花酒，令人长寿。菊花舒时，并采茎叶，杂黍米酿之。至来年九月九日始熟，就饮焉。故谓之菊花酒。"而吃菊花糕的习俗则源于魏晋时期，唐代时才称"菊花糕"，宋代时也称"重阳糕"，明清时则称"花糕"。"糕"与"高"同音，因此，重阳节吃菊花糕也有"步步高升"的寓意。人们不仅自家食用，也会用来招待女儿归宁或馈赠亲友。

重阳节主要是汉民族的节日，但少数民族地区也有各式各样的庆祝节日。例如，高山族中的阿美人会在寒露期间举行"观月祭"，乘着皓月当空，人们聚在一起载歌载舞，共享丰收的喜悦。

六、霜降

（一）节气释义

霜降是二十四节气中的第十八个节气，也是秋季的最后一个节气。《月令七十二候集解》中说："霜降，九月中。气肃而凝，露结为霜矣。"因此，霜降是一个反映天气现象和气候变化的节气，此时的天气由凉爽逐渐变冷，空气中的露水因为遇到寒冷而凝结成霜，我国大部分地区开始出现初霜现象。此时斗柄指戌，太阳达到黄经210度的位置，交节时间点对应

着每年的公历 10 月 22 日至 24 日中的一天。

（二）节气三候

中国古代将霜降分为三候："初候，豺乃祭兽；二候，草木黄落；三候，蛰虫咸俯。"秋季是丰收的季节，此时的动物有充足的食物，豺狼捕猎到的动物都吃不完，摆在一起就像祭祀一般。霜降中间五天已是秋季的尾声，天气渐渐寒冷，植物停止了生长，草木枯黄，树叶随风飘落。霜降最后的五日里，可以看到动物和昆虫已经开始准备冬眠了，它们陆续藏入洞中，再将洞口封严了准备冬眠。

（三）气候特点

在气象学上，一般会将秋季出现的第一次霜叫作"初霜"或"早霜"。所谓"霜降见霜，米谷满仓"，初霜对农民来说是丰收的预兆。霜是由空气中的水汽遇冷凝结成的小冰晶，初霜形成时，地表温度需要达到 0℃以下，同时地表还要含有一定的水汽。我国的北方地区，尤其是黑龙江漠河一带，早在寒露之前就已经进入了霜期。而黄河流域是"霜降始霜"，完全符合霜降这一节气特征，初霜日一般在 10 月下旬到 11 月初，霜期会持续两到三个月。但在我国的南方地区，此时还没有进入霜期，平均气温维持在 16℃左右，华南南部和云南南部则属于无霜区。

霜降节气前后，天气逐渐寒冷，各地温度在持续下降，北方地区，气温下降尤其明显。东北地区北部、内蒙古东部和西北地区此时已经进入冬季，平均气温

降到了 0℃ 以下。而南方地区由于气温下降较缓慢，仍然具有秋季的特征。同时，各地的降水量也呈下降趋势，秋燥明显，但长江中下游地区由于受夏季风影响，仍会有一段时间的阴雨天气。

（四）气候农事

霜降节气前后，全国的农业生产活动较"三秋"大忙时已经有所减少。此时，北方地区的秋收工作已经结尾，主要的农事活动就是抓紧最后的时间收获棉花、花生等作物以及做好冬小麦的灌溉工作。山区的柿子此时也已经成熟，农民还要抓紧时间收柿子，做好冬藏。而我国的南方地区依然处于"三秋"大忙时节。此时的西南地区正进入秋耕、秋种的紧张阶段，既要抓紧时间翻犁板田、板土，抢种大麦、小麦和油菜等，又要争取在早霜之前抢收晚秋作物。所谓"霜降不割禾，一天少一箩"，此时的晚稻等作物极易受到早霜的冻害，致使水稻减产，因此，华中地区的农民要抓紧时间，收获晚稻、玉米、甘薯等农作物。此外，淮北地区的晚麦也要及时抢收，同时种植油菜的地区也要抓住最后的时机进行播种。华南地区的冬小麦此时已进入播种阶段，与此同时，农民还要抢收中稻、晚玉米、甘薯、花生等农作物。

（五）民俗文化

霜降是秋季的最后一个节气，也是与冬季第一个节气相接的节气。此时已经寒意十足，家家户户也陆续开始准备冬季的寒衣。因此，在霜降时节，汉族民

间有祭祖、给亡者送寒衣的习俗，称"寒衣节"，北京地区也称"烧包袱"。据说，寒衣节源于周人的腊祭日，在每年农历的十月初一，是中国三大鬼节之一。明代刘侗❶在《帝京景物略》中记载："十月一日，纸肆裁五色纸，作男女衣，长尺有咫，曰寒衣。夜奠呼而焚之门，曰送寒衣。"人们会在这一天祭扫祖墓，烧献"冥衣、靴鞋、席帽、衣段"，以希冀亡人在阴间不要受寒挨冻。寒衣节在元、明、清世代都有承袭，只不过，人们烧献的寒衣越来越简化了。此外，除了给亡者烧寒衣过冬，妇女们在这一天还会拿出做好的新棉衣，给儿女、丈夫换上，以图吉利。

　　民间在霜降节气间还有许多避凶趋吉的习俗，广东高明地区的人们会在霜降时节用瓦片堆砌成河内塔，在塔内放入干柴点燃，待火焰将瓦片烧红后，再毁塔，用烧红的瓦片煨芋头，称"打芋煲"。最后，人们再将瓦片丢到村外，称"送芋鬼"。人们坚信，通过这种方式可以驱赶邪祟，迎接祥瑞。

　　此外，在饮食方面，霜降时节正是柿子成熟的时候，因此很多地方有霜降吃柿子的习俗。在闽南地区就有"霜降到，柿子俏，吃了柿，不感冒"的说法，在当地人看来，霜降吃柿子不仅可以御寒保暖，还能补筋骨。根据这一习俗，霜降这一天，人们会爬上自家的柿子树，摘几个柿子吃，家里没有柿子树的，也会买些柿子来吃。柿子既是当令的果实，口感鲜美，又有吉祥的寓意，于是就成了人们在霜降时必尝的美味之一。

❶ 刘侗（1594—1637），明文学家，字同人，号格庵，麻城（今湖北省麻城市）人。

●晒柿子

　　所谓"补冬不如补霜降"，霜降进补成了这一时节的重要习俗之一。在人们的观念中，秋补要比冬补重要，因此有先"补重阳"后"补霜降"的说法。除了前面提到的霜降吃柿子补筋骨，民间还有"吃萝卜""煲羊肉""煲羊头""煲牛肉""迎霜兔肉"等食俗。比如，广西玉林一带的居民，就有霜降吃牛肉的食俗，以祈求冬天里身体暖和强健；闽南地区则有霜降吃鸭子的食俗。晚秋的寒气在古代常常被人们认为是侵害身体的鬼魅恶气，因而人们纷纷在冬季来临之前，抓紧补充能量，以驱寒保暖，同时也是为了祈福纳祥。

第四节　冬之节气

●清院本十二月令图 十月

人们或赏玩卷轴名画，或弹奏乐器，或缝制衣服，或对坐下棋；老画师正在给人画像。

●清院本十二月令图 十一月

前景水榭中，一位年轻的父亲在鞭责幼子，诸人在一旁劝护，中景园苑众人围观着树下开屏的孔雀，一旁斋室中，榻上禅师正接受顶礼，斜后方的檐廊边妇女穿着长裙蹴鞠，儿童打陀螺、捉迷藏。

●清院本十二月令图　十二月

孩童在踢毽子、堆雪狮，西洋楼外厅堂中的文士围在温炉边品尝美食
美酒，冰冻湖面上出现人力拖行的冰船。

一、立冬

（一）节气释义

立冬是二十四节气中的第十九个节气，也是冬季的第一个节气，代表着冬季的开始。冬季是一年之中最后一个季节，《说文解字》中解释说："冬，四时尽也。"而立冬则是冬季的第一天，反映的是季节的变化，《月令七十二候集解》曰："立，建始也。"《逸周书》曰："立冬之日，水始冰，地始冻。"立冬作为我国气候中"寒来暑往"的分界线，此时，深秋已过，严寒将至，冷空气开始成为主导势力，活动日渐频繁，气温下降趋势加快，水面开始结冰，土壤开始上冻。

所谓"秋收冬藏"，立冬还是各种作物收获，需要晒好、藏好的时节。《群芳谱》中曰："冬，终也，物终而皆收藏也。"立冬就意味着，万物开始进入休养、收藏的状态了。此时，北斗七星的斗柄指向蹄通之维，太阳到达黄经 225 度，交节时间点对应着公历每年的 11 月 7 日或 8 日。

（二）节气三候

中国古代将立冬分为三候："初候，水始冰；二候，地始冻；三候，雉入大水为蜃。"立冬的前五日里，人们可以看到河面已经开始结冰。再过五日，土壤的表层开始冻结，并且随着气温越来越低，土壤的冻层也越来越厚。立冬的最后五日里，人们发现像雉鸡一类的大鸟已经不多见了，反而是外壳与雉鸡羽

毛条纹相似的大蛤出现在了海边，而且越来越多。因此，人们便认为立冬后渐渐消失的雉鸡潜入了大海，然后变成了大蛤。这一说法虽然并不科学，却是古代人们通过物候记忆季节变化的有效方法。

（三）气候特点

在天文学上，立冬是冬季的开始，但是按照气候学上的划分，平均气温低于 10℃为冬季，此时，我国大部分地区尚没有真正进入冬季。但是此时的南北差异非常大：北方地区早已进入了万物凋零、雪花飘飞的冬季，平均气温已处于 0℃以下。尤其是西北地区和东北北部，由于受冷空气影响，天气异常寒冷，早已是一派大雪纷飞的景象。而南方地区依然是风和日丽、温暖舒适的"小阳春"❶天气。以华南地区为例，即便受到冷空气的频繁侵袭，气温逐渐下降，但平均气温仍处于 15℃以上，尤其在立冬的前期，气温在短暂下降之后会迅速回升，因此还有"十月小阳春，无风暖融融"之说。此时的南北温差甚至可以达到 30℃以上。

除了气温的下降以及南北温差的逐渐拉大，气候也由秋季的少雨干燥逐渐向阴雨寒冻过渡。除了海南和台湾两地的降水量仍然较多外，全国大部分地区的降水量已经降到了 50 毫米以下。同时，大部分地区开始先后进入结冰期，东北各地早在 10 月下旬之前就已经进入了结冰期，西安、开封一带也在立冬时进入了结冰期，而长江流域一般在 11 月下旬之后才会进入结冰期。

❶ 时节气候名，指的是孟冬（立冬至小雪节令）期间一段温暖如春的天气，在此期间一些果树会开二次花，呈现出好似春三月的暖和天气。

（四）气候农事

到了立冬节气，全国各地的农活少了很多。东北地区此时已经进入了大地封冻的时节，农林作物进入了越冬期，农民的主要生产活动就是翻耙压土地和组织冬季灌溉。华北地区的土壤则处于日消夜冻阶段，夜晚气温下降快，因温度低而导致土地封冻，但由于立冬降水显著减少，晴好天气较多，虽然太阳的辐射减少，但地表贮存的热量还有剩余，因此白天温度并不低，农田的土壤也就消冻了，此时十分有利于麦田的浇灌。同时，农民也要趁土壤没有完全封冻以前，抓紧秋耕。西北地区的农事活动则主要是给冬小麦灌水、追施苗肥。

我国的南方地区，此时"三秋"已进入尾声。西南地区的主要农事活动就是小麦、大麦、油菜等夏收作物的播种，同时农民还需抓紧时间，抢收晚玉米、甘薯等晚秋作物，避免因冻害导致的作物减产。江南及华南地区此时正是小麦播种的最佳时节，农民们都在积极抢种晚茬冬小麦。同时，还要开好田间"丰产沟"，搞好田间管理，预防冬季的涝渍和冰冻危害。

（五）民俗文化

立冬作为"四立"之一，在中国古代是一个重大的节气，历朝历代都有在立冬迎冬的习俗。在周朝，立冬时周天子会率领三公、九卿、大夫到北郊迎冬，并举行盛大的迎冬仪式。《吕氏春秋》中记载："是月也，以立冬。先立冬三日，太史谒之天子曰：'某日立冬，盛德在水。'天子乃斋。立冬之日，天子亲

率三公，九卿，大夫，以迎冬于北郊。还，乃赏死事，恤孤寡。"

　　除了迎冬，民间还有"立冬进补"的说法，即"补冬"。立冬之后，严寒将至，补冬一来是为了迎接冬天的到来，二来也是为了增强体质，以抵御严寒。农谚中有"立冬补冬，补嘴空"的说法，忙了一年的农民，要在立冬这天给自己放个假，杀鸡宰羊，犒赏一家人的辛劳。闽南地区会在立冬时杀鸡宰鸭，并加入中药合炖，既增加香味，也增加营养，也有加入各种珍贵草药的，配方多样，但都是为了增补营养。此外，出嫁的女儿，会在立冬这天给父母送去鸡、鸭、猪蹄、猪肚等物，让父母补养身体。

　　由于进入冬季后，农活减少，人们的空闲时间增多，各式各样的娱乐活动也增多了。立冬这天，除了迎冬、补冬，北方地区有立冬吃饺子的习俗，绍兴地区有立冬日开始酿黄酒的习俗，河南、江苏、浙江一带有"扫疥"❶的习俗，漳州的乡村人家有舂"交冬糍"庆祝好收成的习俗，南京地区还有吃生葱抵御冬季湿寒的习俗……

❶ 扫疥，扫除疥疮，用香草等煎汤沐浴，把身上的风湿之气排出体外，同时也可以把皮肤上的脏东西洗掉，意思就是把身体内外都打扫干净，以迎接冬天。

二、小雪

（一）节气释义

　　小雪是二十四节气中的第二十个节气，也是冬季的第二个节气。作为反映降水与气温的节气，小雪的到来预示着天气将越来越冷，降水量也将逐渐增加。《月令七十二候集解》曰："小雪，十月中。雨下而

为寒气所薄，故凝而为雪。小者，未盛之辞。"因而小雪就有"雪小"的意思。《群芳谱》曰："小雪气寒而将雪矣，地寒未甚而雪未大也。"说的就是此时由于天气寒冷，降水形式由雨变成了雪，但是又因为"地寒未甚"，所以降雪量还不大，只是小雪。小雪的交节时间点对应着公历每年的 11 月 22 日或 23 日，此时斗柄指亥，太阳到达黄经 240 度的位置。

（二）节气三候

中国古代将小雪分为三候："初候，虹藏不见；二候，天气上升，地气下降；三候，闭塞而成冬。"小雪的前五日里，天空中已经看不见彩虹了。彩虹是雨后空气中的水滴在太阳光的照射下，折射和反射太阳光才形成的，小雪时节，因为降雨转变成了降雪，没有了彩虹形成的条件，故而"虹藏不见"。再过五日，天地之间阳气上升而阴气下降，阴盛阳伏，万物失去了生机，天地间一片空旷。到了小雪的最后五日，因为天气寒冷，可以看到河流都冰封了，家家户户也都关上了门窗阻止冷空气进入室内，寒冬来临。

（三）气候特点

小雪在气象学上指降雪强度较小的雪，一般将下雪时水平能见距离等于或大于 1000 米、地面积雪深度小于 3 厘米、24 小时降雪量在 0.1～2.4 毫米的降雪称为"小雪"。但小雪节气只是一个气候概念，与气象学上的小雪并不是必然关系，因此小雪节气并不一定下雪。小雪时节的显著特点是寒潮和冷空气活

动频繁，冷空气南下，气温下降迅速，降水形式也由降雨转变为了降雪。北方地区由于早已进入冬季，平均初雪日一般在 9 月下旬，即秋分节气之后。黄河流域的平均初雪日一般在 11 月下旬，与小雪节气的气候完全符合。此时，南方地区的北部也进入了冬季，但是，由于此时的天气还不是太冷，降雪天数比较少，降雪融化速度较快，降水形式常常是半凝半融状态的"湿雪"，或者是雨雪同降的"雨夹雪"。长江以南及华南北部的平均初雪日期在大雪节气后，并且由于近地面气温常常保持在 0℃以上，即便降雪，也比较难以形成积雪，平均积雪日期在冬至日之后，华南南部更是终年无雪的无雪区。

（四）气候农事

小雪时节，全国大部分地区已经进入农闲时期，农事活动都不太多，但各地也有所不同。东北地区的农事活动以防寒过冬为主，农民开始给果树绑扎布条，以保护其度过寒冷的冬季。所谓"小雪不砍菜，必定有一害"，此时的华北地区已经开始收获白菜，为了防止白菜受冻腐烂，对于已收获的白菜要及时窖藏。西北地区的农民此时正忙于田间水利的兴修，同时也在积极积肥、造肥，为下一季的作物提供肥料。西南地区由于已经到了秋播的最后时刻，因而相对比较忙碌。农民要抓紧时间抢播，为农作物的生长留足时间，并且要加强已播作物的田间管理，及时中耕、培土、施肥，帮助农作物顺利越冬。

（五）民俗文化

古代在小雪时节，由于天气寒冷，农事活动大大减少，人们的生活节奏也慢了下来，各种各样的节日习俗便诞生了。古人有小雪时节赏雪、堆雪人的习俗。一些地方的男子会在小雪时节冬猎，妇女、老人们则忙于纺织、编织，孩子们则喜欢踢毽子、踢球等游戏。同时，小雪时节，家家户户已经开始准备年货了，如宰杀猪羊、腌制寒菜腊肉、做年糕等活动。

南京地区的农谚有："小雪腌菜，大雪腌肉。"其实在小雪节气，我国很多地区都有腌藏寒菜的习俗。尤其在北方地区，早在立冬的时候家家户户就已经开始腌藏寒菜了。而江浙一带因为天气冷得较晚，一般到小雪时节才腌寒菜。腌菜是一种历史悠久的蔬菜加工方法，早期的腌菜并不是腌制而是贮藏。古代由于科技不发达，人们只能食用当季的蔬菜，夏季的蔬菜种类繁多，人们却吃不完，而冬季的蔬菜又很少，不够吃。因此，人们就将蔬菜贮藏起来，留到冬季吃。在贮藏过程中，人们发现腌制后的蔬菜不仅可以贮藏更久，而且味道也不错。因而，腌菜逐渐成为民间抵御寒冬的必备之物。

除了腌菜外，秦巴地区❶还有在小雪时节熏腊肉的习俗。一般自小雪至立春前，家家户户都会宰杀猪羊，留足一部分过年用的鲜肉后，多余的肉类就会腌制起来，悬挂待晾干水分后，再用烟火熏烤，等待春节时，正好可以享用。不仅是北方地区，南方地区也有冬季吃腊肉的习俗，例如，广州人就喜欢用腊肉配以其他食材烹制食用。

❶ 位于川、渝、陕、陇、鄂、豫六省市交界处，中国上古历史神话传说与秦巴地区也有不解之缘。

江浙人喜欢在小雪节气里用草药来酿酒，叫作"冬酿酒"；台湾中南部地区的渔民会在小雪时节晒鱼干、储存干粮；土家族的人们会在小雪前后进行一年一度的"杀年猪，迎新年"活动，吃"刨汤"也成了小雪节气里家家户户的习俗。总之，各种各样的节气习俗让寒冷肃杀的小雪时节也热闹温暖了起来。

三、大雪

（一）节气释义

大雪是二十四节气中第二十一个节气，也是冬季里的第三个节气。大雪与小雪一样，都是反映气温与降水变化的节气。大雪时节气温显著下降，比起小雪节气，此时的降水量增多，降雪的可能性更大些，甚至会出现暴雪天气，地面可能积雪。大雪，顾名思义就是"雪大"的意思。《月令七十二候集解》曰："大雪，十一月节。大者，盛也。至此而雪盛矣。"大雪在农历的十一月中旬，节气的交节时间点对应着公历中每年的 12 月 6 日至 8 日中的一天，此时斗柄指壬，太阳位置到达黄经 255 度。

（二）节气三候

中国古代将大雪分为三候："初候，鹖鴠不鸣；二候，虎始交；三候，荔挺生。"鹖鴠也叫寒号鸟，大雪初候时，这种鸟儿因为大雪时节的气候寒冷，躲进了巢中不再鸣叫。过了五日，此时阴气达到鼎盛，盛极而衰，转而阳气萌动，可以看见老虎进入了发情

期，开始求偶交配。荔挺是一种形似蒲草的野草，在大雪最后的五天里，也因为阳气的萌动而抽出新芽。

（三）气候特点

气象学上，将从天空下降到地面的雨、雪、冰雹等水汽凝结物都称为"降水"，大雪节气的到来意味着天气越来越冷，降水也增多。但是大雪节气并不是降雪最多的节气，在气象学上，规定水平能见距离小于 500 米，地面积雪深度等于或大于 5 厘米，或 24 小时内降雪量达 5.0～9.9 毫米的降雪称为"大雪"。很显然，大雪节气的天气状况与"大雪"这一名称并不一定相符。此时，黄河流域一带已经开始有积雪形成，而黄河以北的地区早已经进入大雪纷飞的冬季。南方地区，特别是珠三角一带，则依然气候温和，少有雨雪。但同时南方地区却是"十雾九晴"的天气，早晚雾气较大，气象学上称这种现象为"辐射雾" ❶。

除了降水上的变化，大雪时节变化最大的是天气温度情况。此时中国多地正处于强冷空气最多的时候，大部分地区气温降到了 0℃或以下，进入寒冷时期。北方大部分地区的 12 月份的平均温度在 -20℃～5℃，东北和西北地区的平均气温在 -10℃以下，黄河流域和华北地区的气温也维持在 0℃以下，开始降雪。但是，南方地区的气温依然较高，此时华南地区和西南的南部地区，平均气温仍然在 15℃以上，属于无雪区，但部分地区也会出现霜冻现象。北方的强冷空气往往能够带来降雪甚至暴雪，深厚的积雪既可以为越冬的作物保暖，又能为来年化雪后的农

❶ 指由于地表辐射冷却作用，地面气层水汽凝结而形成的雾，并不是指这种雾具有辐射性。

作物耕种提供充足的水源，农谚中"瑞雪兆丰年"说
的就是这个道理。

（四）气候农事

农谚有云："今年麦盖三层被，来年枕着馒头
睡。"大雪节气较厚的积雪往往是来年大丰收的预兆。
一方面，厚厚的积雪就像一床棉被，可以保持地面
及农作物周围的温度不会因为寒冷空气的侵袭降得过
低，也就是起保温作用，有利于农作物顺利过冬；另
一方面，积雪是水的固体形态，来年春天积雪融化后，
又及时增加了土壤水分的含量，有利于返青农作物的
生长。再有就是寒冬的积雪可以冻死土壤表面的一部
分虫卵，为来年小麦的返青降低一定程度的病虫害。

大雪节气的主要农事活动是冬灌，所谓"不冻不
消，冬灌嫌早；光冻不消，冬灌晚了；又冻又消，冬
灌正好"，把握冬灌的时间对于农业生产来说十分重
要。此外，农民还需做好积肥、送肥工作。西南地区，
此时的小麦已经进入分蘖期，农民要及时中耕，施分
蘖肥；华中地区的小麦也开始越冬，农民要尽早施肥，
适当碾压麦田，做好保墒，预防冻害。

（五）民俗文化

大雪节气的民间习俗有很多，比如腌肉、赏雪景、
打雪仗、进补、食饴糖等。

关于腌肉，南京地区有一句俗语："小雪腌菜，
大雪腌肉。"此时，家家户户开始腌制"咸货"，咸
货的类型很多，有猪肉、鱼肉、鸡肉、鸭肉等。人们

将粗盐加八角、桂皮、花椒等香料制成卤汁涂抹在肉上，用石头压放缸内腌制，半月后取出晾干，再度腌制，十日后再取出挂晾晒干。冬季里常常可以看见家家户户的门口、窗台、屋檐下都挂有各种腌肉、香肠、咸鱼等腌制品。

除了制作御寒食物以备年货外，在寂寥的大雪节气里，人们还热衷于在冰天雪地里滑冰、赏雪景、打雪仗。此时气温极低，山河冰封，光滑的冰面就成了人们嬉戏的场所。滑冰也称"冰戏"，是古时候人们的冬季游戏之一。南宋周密《武林旧事》中还记载有一段贵族子弟在大雪节气里赏玩雪景的场景："禁中赏雪，多御明远楼，后苑进大小雪狮儿，并比金铃彩缕为饰，且作雪花、雪灯、雪山之类，及滴酥为花及诸事件，并以金盆盛进，以供赏玩。"

我国北方地区的冬季，还有食饴糖 ❶ 的习俗。每到大雪节气前后，街头就会出现叫卖饴糖的小摊贩，吸引着小孩、妇女、老人出来购买。人们认为，冬季宜进补，因而认为食饴糖也是冬季滋补身体的一种。

❶ 饴糖是以米、大麦、小麦、粟或玉米等粮食经发酵糖化制成的糖类食品。有软、硬两种，软者称胶饴，硬者称白饴糖，均可入药，但以软饴糖为佳，具有补中益气、健脾和胃、润肺止咳的功效。

●宋马远画雪景

四、冬至

（一）节气释义

冬至是二十四节气中的第二十二个节气，也是冬季里的第四个节气。冬至也称"日短至""冬节""长至节"。在古代，冬至作为四时八节之一，在二十四节气中具有重要地位，同时也是中国民间传统的祭祖节日。早在西周时期，人们就已经通过圭表测影法测出了冬至日，它也是二十四节气中最早确定的节气。《月令七十二候集解》中曰："冬至，十一月中。终藏之气至此而极也。"冬至日时，北斗七星的斗柄指向子，太阳到达黄经 270 度的位置。这一天，北半球的白昼最短，黑夜最长，因此，冬至也叫"日短至"。冬至日后，白昼开始渐渐变长，黑夜开始渐渐缩短，所谓"吃了冬至面，一天长一线"，说的就是冬至节气的变化。冬至节气的交节时间点对应着公历每年的 12 月 21 日至 23 日中的一天。冬至日后，全国正式进入一年中最冷的阶段，即"进九"，民间所说的"冷在三九"就是指此。

（二）节气三候

中国古代将冬至分为三候："初候，蚯蚓结；二候，麋角解；三候，水泉动。"冬至日后，天气开始进入一年中最严寒的时候，地下冬眠的蚯蚓也因为寒冷而蜷缩在一起，好像打成结的绳子一样。麋鹿也称"四不像"，每到冬至时，由于阴气渐退，麋鹿便开始脱角了。冬至节气的最后五日里，虽然

地表的寒气正盛，但深井中却偶有热气冒出，山中的泉水也可以流动，古人认为这是阳气回升，是大地复苏的景象。

（三）气候特点

冬至节气是实际意义上的冬季的开始，自冬至日始，最寒冷的天气到来了。与夏至相比，冬至是北半球一年中日照时间最短的日子，且纬度越北，日照时长越短，北方的漠河在冬至日的日照时数只有约 7 小时。虽然冬至日后，太阳直射点自南回归线向北移动，白昼渐长，但由于北半球地面获得的太阳辐射少，地面辐射散失的热量大，呈现出严重的"入不敷出"现象，导致短期内的平均气温进一步下降。此时，我国东部地区的等温线基本与纬线平行，气温自南向北逐渐降低，南北温差进一步扩大。同时，全国范围内的降水量普遍稀少，西北地区的平均降水量甚至不足 1 毫米，气候更加干燥。

（四）气候农事

冬至节气里，由于天寒地冻，作物收获的时间已经过去，农事活动稍稍可以停歇。农民的主要农事活动就是围绕着越冬作物的田间管理，首先是做好越冬作物的保暖工作，预防冻害，同时可以碾压冬小麦田，以防水分蒸发，保证来年有个好墒情。其次是做好农田基建，清理土地，整修垄沟，兴修水利。最后就是积肥施肥工作，一方面积粪堆肥为作物返青生长的养料需求做准备；另一方面施好腊肥，保障农作物顺利

过冬。江南地区以加强三麦、油菜等越冬作物的管理为主；南部沿海地区则以水稻秧苗的防寒工作为主，同时做好春种准备。此外，果农、桑农还需做好冬季清园、树枝修剪、消灭越冬病虫的工作。

（五）民俗文化

冬至既是二十四节气中的重要节气之一，也是我国重要的传统节日之一，是一年中的大节。自周代始，冬至就被作为岁首，即一年的开端，它的前一天则为除夕。虽然后来改变了岁首，但冬至在各种节日中的地位依然很重要，民间更有"冬至大如年"的说法。

在古代，冬至日时，官方和民间都要举行盛大的祭祀活动，人们在冬至日里祭天祭祖以感谢天神和祖先的庇佑。《周礼·春官》记载："以冬日至，致天神人鬼。"意思是说在冬至时要祭天神，这是自古以来的国家大礼。《史记·封禅书》中记载："冬至日，礼天于南郊，迎长日之至。"说的是周天子在冬至这一天，会率领三公、九卿、众大夫们，到南郊外祭祀天神，迎接冬至日。这项祭天的大礼被历朝历代所承袭，宋代孟元老的《东京梦华录》中记载："十一月冬至。京师最重此节，虽至贫者，一年之间，积累假借，至此日更易新衣，备办饮食，享祀先祖。官放关扑，庆贺往来，一如年节。"足见冬至日在古人心中的重要程度。冬至日祭祀的习俗一直延续到清末，北京天坛公园内的圜丘就是明清帝王们在冬至日祭天的场所。

冬至日里，各个地区有吃饺子的、有吃冬至菜的，

还有吃汤圆的，各地的习俗都不一样。相传冬至吃饺子是为了纪念医圣张仲景❶。南阳医圣张仲景曾在某地做官，他告老还乡时正值冬至，看到有不少乡亲的耳朵都被冻烂了，因此，吩咐弟子搭起了医棚，用羊肉和驱寒药材做成了"祛寒娇耳汤"，免费赠给乡亲们喝。乡亲们服食之后，冻伤的耳朵果然都好了。为了感激张仲景，人们就将汤中的"娇耳"制作成食物，后又将"娇耳"称作"饺子"，冬至日吃饺子的习俗就这样被流传了下来。

此外，人们在冬至日还有唱"九九歌"、画"九九消寒图"的习俗。这一习俗将在本章的"二十四节气之外的杂节气"一节中再作详述。

五、小寒

（一）节气释义

小寒是二十四节气中的第二十三个节气，也是冬季的第五个节气。《月令七十二候集解》曰："小寒，十二月节。月初寒尚小，故云。月半则大矣。"小寒是反映气温冷暖变化的节气，"寒"指寒冷，"小"则指寒冷的程度较小，它的字面意思就是寒气积聚但还没有到达极点。冬至之后，由于冷空气频繁南下，小寒、大寒之际成了一年中气温最低的阶段。虽然人们普遍以为小寒没有大寒时寒冷，但事实上，在我国的北方地区有"小寒胜大寒"之说，而南方地区则普遍要到大寒时气候才最冷。小寒时斗柄指癸，太阳到达黄经 285 度的位置，交节时间点对应于公历中每年

❶张仲景，名机，字仲景，南阳郡（今河南省南阳市）人。东汉末年医学家，建安三神医之一，被后人尊称为"医圣"。

的 1 月 5 日至 7 日中的一天。

（二）节气三候

中国古代将小寒分为三候："初候，雁北乡；二候，鹊始巢；三候，雉雊。"大雁的行为一直是人们判断节气变化的重要依据，小寒的前五日里，人们看到南下越冬的大雁已经向北方飞回了。又过了五日，喜鹊们已经感觉到了阳气的萌动，开始衔草筑巢，为繁殖做准备。雊，指的是雄鸡的鸣叫，在小寒最后的五日里，雄鸡由于感觉到了阳气的萌动，而开始鸣叫。

（三）气候特点

我国大部分地区的温度以 1 月为最冷，也就是小寒、大寒之际。依据我国长期以来的气象记录，长江以北的大部分地区的次冷旬都出现在 1 月上旬，也就是小寒节气，而长江以南地区则出现在 1 月下旬，也就是大寒节气。"小寒大寒，冷成冰团。""小寒时处二三九，天寒地冻冷到抖。"这些民谚都说明了小寒节气里的寒冷程度。

因为受到西伯利亚寒流的影响，小寒节气时西北风强劲，冷空气降温过程频繁，不仅表现在平均气温上，而且表现在极端温度上。此时的东北的北部地区，平均气温普遍在零下 30℃ 左右，极端最低温度可以达到零下 50℃。华北地区的普遍温度在零下 5℃ 左右，极端最低温度在零下 15℃ 以下。秦岭—淮河一线的平均气温则在 0℃ 左右，以秦岭—淮河为界，此时的秦岭淮河以北都是一派严冬景象，此线以南的低海拔

河谷地带，则少有出现 0℃ 以下的低温天气。

（四）气候农事

小寒时节，我国大部分地区因受到西伯利亚寒流影响，气温波动较大。此时的农事活动较少，主要是越冬作物的防寒防冻工作。黄河流域的冬小麦，可以采取碾压麦田的方式减少土壤温度和湿度的散失，同时当寒潮或冷空气来临时，还可以通过增施稀粪、撒施草木灰等方式，提高土壤肥力，为作物提供充足的养分。南方地区的冬小麦、油菜等作物除了注意防寒防冻，还要做好追施腊肥的工作。对于果树等农林作物，农民可以通过人工覆盖的方式防御冻害。大雪过后，对于果树枝条上的积雪要及早摇落，以免因重力或大风天气造成枝干断裂，对来年的春发造成影响。

（五）民俗文化

古人称农历十二月为"腊月"，而小寒正值农历的腊月，因此，在小寒众多的节日习俗里，腊月初八的"腊八节"是不得不提的。

腊八节源于古时候人们的祭祀活动，因此腊八节重要的活动之一就是举行"腊祭"。"腊祭"在每年的岁末，也就是农历十二月份。汉应劭《风俗通义》❶中记载："夏曰嘉平，殷曰清祀，周曰大蜡，汉改为腊。腊者，猎也，言田猎取兽，以祭祀其先祖也。"这便是说"腊祭"为祭祀先祖。还有一种说法，即"腊者，接也；新故交接，故大祭以报功也"。这便是说"腊祭"是为辞旧迎新，以酬诸神。在周代，每逢"腊

❶ 这是一部辨名物、议时俗的著作，东汉时期，极其注重风俗，应劭四处奔走，留心世俗，著书立说，维护纲常伦理。

祭"，周天子便会命典礼官举行大傩祭礼。《礼记·月令》载："是月也，大饮蒸。天子乃祈来年于天宗。"自周代以后，历代都沿袭了"腊祭"这一习俗，从天子、诸侯到平民百姓，都会在腊月里举行"腊祭"。"腊祭"有三重含义：一是表示自己不忘根本，以表达对祖先的崇敬与怀念；二是岁末酬谢百神，感激天地诸神为农民这一年的丰收所作出的贡献，并祈求来年的丰收和庇佑；三是农民们结束了一年的忙碌后的欢娱与放松的节日。

先秦时，一入腊月，人们就要举行重大的"腊祭"活动，并将举行"腊祭"的这一天称为"腊日"。"腊祭"作为"一岁之大祭"，其盛大程度堪比年节，《荆楚岁时记》中曰："孔子所以戍守预于腊宾，一岁之中盛于此节。"因此，人们举办"腊祭"活动的准备时间较长，开始的时间不是固定在某一天。直到汉代时，才将"腊祭"的日子定在冬至日后的第三个戌日，而将"腊祭"固定在腊月初八这一天，则是到了魏晋南北朝时才确定下来的。同时，之前的腊月初八也并不喝腊八粥，腊祭与腊八节最初的节日内涵并不一致。喝腊八粥是在佛教传入中国之后，传统的腊祭与佛教的腊八节相融合后才产生的新的节日习俗。

腊八节是佛教的盛大节日之一，相传腊月初八这一天是佛祖释迦牟尼降魔得道成佛的日子，为了纪念此事，寺庙在这一天会做佛事，同时以米和果物熬粥供佛或向穷苦人民施粥。宋代吴自牧的《梦粱录》中有记载："十二月八日，寺院谓之'腊八'。大刹等寺，俱设五味粥，名曰'腊八粥'。"后来这一节日

传入了民间，喝腊八粥也成了民间习俗，并且与同在腊月的重要节日"腊祭"相结合，腊八节就成了人们小寒时必过的盛大节日，而吃腊八粥就成了节日习俗之一。

腊八粥又称"七宝粥""五味粥""佛粥"，是一种由多种食材混在一起熬制而成的粥，在中国的北方十分流行。但是，在不同时代、不同地区，人们制作腊八粥的用料也有不同。南宋周密在《武林旧事》中记载了腊八粥的用料："用胡桃、松子、乳覃、柿、栗之类作粥，谓之腊八粥。"清代富察敦崇在《燕京岁时记》中记载了北京的腊八粥的用料："腊八粥者，用黄米、白米、江米、小米、菱角米、栗子、去皮枣泥等，和水煮熟，外用染红核桃仁、杏仁、瓜子、花生、榛穰、松子及白糖、红糖、琐琐葡萄以作点染。"

腊八节是典型的北方节日，除了喝腊八粥，人们在腊八节还会泡腊八蒜、吃腊八面、吃冰、吃腊八豆腐等，而在南方地区就少有人提腊八。

六、大寒

（一）节气释义

大寒是冬季的最后一个节气，也是二十四节气中的最后一个节气，更是一年中的最后一个节气，"过了大寒，又是一年"。同小寒一样，大寒也是反映天气冷暖程度的节气。大寒，即寒冷到了极致。《授时通考·天时》❶引《三礼义宗》曰："大寒为中者，上形于小寒，故谓之大……寒气之逆极，故谓大寒。"

❶《授时通考》是清鄂尔泰、张廷玉等纂农书。修成于清朝乾隆初年，共分八门，门下又分若干类，共七十八卷。

由此可以看出：一来，相对于小寒，大寒的寒冷更甚；二来，大寒之时，寒气已经到达了极点，故谓之"大"。大寒时，夜空中的北斗七星的斗柄指向丑，太阳到达黄经 300 度的位置，交节时间点对应于公历每年的 1 月 20 日至 21 日中的一天。

（二）节气三候

中国古代将大寒分为三候："初候，鸡乳；二候，征鸟厉疾；三候，水泽腹坚。""乳"可作生殖的意思。大寒时节，阳气回升，母鸡已经开始孵化小鸡了。又过了五日，人们可以看到鹰隼一类的凶猛飞禽，在空中盘旋着寻找食物，一旦发现猎物立刻就能捕获。在大寒节气的最后五天里，由于天气已经寒冷到了极致，连河中的水都会一直冰冻到水中央，坚硬而厚实。

（三）气候特点

大寒节气的典型特征就是低温、风大、雨少，我国大部分地区都呈现出一种持续"晴冷"的态势。相较于小寒，大寒期间，我国的南方地区达到了一年中最冷的时节。由于受到西伯利亚寒流的影响，西北方向有强劲的寒流频繁南下，常常形成大范围的寒潮天气。除了终年积雪的青藏高原地区以及南部沿海的无雪区，此时，我国大部分地区都受寒流影响，呈现出一派千里冰封、天寒地冻的景象。此外，大寒作为一年中雨水最少的时段，即便是雨量充沛的华南地区，大寒期间的降水量也仅有 5 ～ 10 毫米。

（四）气候农事

大寒时节，人们尚且处于农闲时期，但由于此时受北方冷空气频繁活动的影响，全国大部分地区都会受到寒潮影响。因此，小麦、油菜等越冬作物的防寒、防冻工作就十分重要，农民需提前浇好冻水、施好腊肥，并及时碾压麦田或给农作物增加覆盖物。所谓"苦寒勿怨天雨雪，雪来遗我明年麦"，此时如遇降雪天气，厚厚的积雪不仅可以冻死一定的病虫，还可以对冬小麦等作物起到一定的保温作用，同时融化的雪水也为来年春天作物返青提供了充足的水分，对于冬小麦的生长是十分有利的。但如遇长时间的严寒而少雨雪的天气，则要根据不同地区的耕作习惯，适时浇灌，及时追施腊肥。

（五）民俗文化

大寒是一年中的最后一个节气，过了大寒便是立春，即迎来新的一年。大寒过后，年味就一天比一天浓了。再加上此时恰是农闲时间，家家户户都在忙着准备年货，迎接新年的到来，因此，大寒期间的一系列迎新年活动都被统称为"大寒迎年"。"大寒迎年"的习俗多种多样，各地也有所差异，有"食糯""吃饺子""做牙""扫尘""糊窗""腊味""赶婚""趁墟""洗浴""贴年红""蒸花馍"等，人人都在忙碌着，好不热闹。

所谓"食糯"，就是食用糯米制作的食物。古时候，大寒节气里，人们会用糯米制作各种各样的美食来享用。例如我国南方的壮族人民，会用糯米制作节日食

品，如粽子、糍粑、米糕、五色糯米饭、汤圆、油团等。为了迎接新年，壮族人民会制作一种八仙桌大小的"粽粑"，即用芭蕉叶子包裹糯米，内里还会放一条剔去了骨头的腌猪腿。人们会将这种"粽粑"用于除夕祭祖，并在祭祖完毕后，由同族人共同分食，以表示大家同心同德，团结和睦。

所谓"做牙"，也称"做牙祭"，分"头牙"和"尾牙"。头牙在农历的二月初二，尾牙则在腊月十六。尾牙既是商家一年活动的"尾声"，也是普通百姓春节活动的"先声"。尾牙祭这一天，商家会让辛苦了一年的雇工好好享用年终大餐，还会给雇工发放红包，以示感谢。相传尾牙宴上，商家会用鸡头的朝向来表明是否续聘，因此好心的商家会将鸡头朝向自己或者直接去掉。现代企业流行的"年会"其实就是尾牙祭的遗俗。而在普通百姓家，人们会在尾牙祭这一天祭拜土地公，还要在门前设供品，以祭拜地基主，同时全家人也会聚在一起"食尾牙"。

所谓"扫尘"，就是大扫除，也称"除尘""扫家"。大寒之后，距离春节也就没几天了，这时候家家户户都开始"除陈布新"，准备迎接新年。所谓"腊月不除尘，来年招瘟神"，人们认为"扫尘"就是扫除不祥。"除尘"时，要将室内的尘土打扫出去，重新粉刷墙壁，糊窗花，贴年画。

所谓"赶婚"，就是忙于嫁娶。在古代，人们认为腊月二十三之后，诸神都上天去了，百无禁忌。这个时候，无论是娶媳妇还是嫁人，都不用挑日子，以至于直到年底，举行婚礼的人都非常多，称"赶乱婚"。

因此，民间还有"岁晏乡村嫁娶忙，宜春帖子逗春光。灯前姊妹私相语，守岁今年是洞房"的歌谣。

大寒在二十四节气的最后，既是一年的终了，也是一年的新启。尽管大寒时节十分寒冷，但中国先民们仍在这一节气中安排了各种各样的习俗活动，人们在热热闹闹中迎接新的一年。

第五节　二十四节气之外的杂节气

中国作为四大文明古国之一，也是历史悠久的农耕发达国家之一，农业生产活动关乎着国家的稳定和人民的幸福。《齐民要术》中就提道："顺天时，量地利，则用力少而成功多，任情反道，劳而无获。"因此，从古至今，无论是统治者还是普通劳动者，都十分关注节气物候的变化。在长期的观测与记录中，人们总结出了各种各样的节气、物候来指导农业生产与日常生活，并在此基础上总结出来一套完整的二十四节气以及与之相对应的七十二候。

虽然二十四节气与七十二候已经比较全面地概括了中国的气候现象，并且指导了中国古代大部分地区的农业生产活动，但是其适用性依然受到地域的影响。中国古代的二十四节气测量与编制的依据主要还是黄河中下游地区的自然气候，但是作为一个幅员辽阔的国家，我国南北纬度跨越大，即使在同一个节气下，各个地区所呈现的物候却并不一致。因此，在二十四节气与七十二候之外，人们还逐渐总结出了各种与二十四节气配合使用的杂节气，用来指导农业生

产活动。这些杂节气是对一个较长时间以来的气候状况的概括，如冬九九、夏九九、三伏、出梅、入梅、春社、秋社、大小分龙等。

杂节气作为二十四节气的一种补充，既弥补了二十四节气在地域适用性上的不足，大大提高了节气在农业生产活动中的指导价值，同时也丰富了我国节气文化的内涵，与二十四节气和七十二候一起，为人类农耕文明作出了重要贡献。本节将选取二十四节气之外的几个代表性杂节气进行介绍。

一、冬九九与夏九九

九九是中国古代民间用来表示冬至日后或夏至日后的八十一天日期的总称，是表示节令的一种，分为冬九九与夏九九。

冬九九指的是从冬至日开始的数九天，主要在我国北方地区流行，它所反映的是冬季严寒程度的变化。即以冬至日这一天作为开始，从一九数到九九，历时八十一天，数完正好度过了一年中较寒冷的时段，迎来春暖花开日。人们还由此编出了冬至九九歌："一九二九不出手，三九四九冰上走，五九六九沿河看柳，七九河开，八九雁来，九九加一九，耕牛遍地走。"其中，"三九""四九"正好处于阳历的1月份，也是一年中最寒冷的时段。

在我国的一些农村地区，人们还有画"九九消寒图"的民俗。九九消寒图的形式有很多种，例如梅花图式、圆圈式、文字式等。《帝京景物略》中就有在

纸上画八十一朵梅花的记载："冬至日，画素梅一枝，为瓣八十有一，日染一瓣，瓣尽而九九出，则春深矣。曰九九消寒图。"从冬至日开始，每天画一朵，待数九结束，一幅美丽的"九九消寒图"就完成了，此时也正好迎来了春暖花开的季节。而文字式的九九消寒图也称"写九"，其中最熟悉的就是写"亭前垂柳珍重待春风"这九个字。相传这是清代道光皇帝发明的文字游戏，因为这九个字的繁体字都是九画，每天写一画，待这九个字写完后，春天便来了。

古人画九九消寒图，一方面是为了计算日数，另一方面，也是为了在寒冷的冬季寻找一种消遣娱乐的活动。

与冬九九相对应的是夏九九，主要流行于我国南方一带，用来形容夏季炎热程度的变化过程。与冬至数九歌一样，人们之间还广泛传唱有夏至数九歌，它是从夏至这天开始计算的。人们将一年中较热的一段时间分为九个九天来描述，数九结束，最炎热的季节也就过去了："一九二九扇子不离手；三九二十七，吃茶如蜜汁；四九三十六，争向路头宿；五九四十五，树头秋叶舞；六九五十四，乘凉不出寺；七九六十三，夜眠寻被单；八九七十二，被单添夹被；九九八十一，家家打炭墼。"（《豹隐纪谈》）其中"三九""四九"也是一年中最热的时段。

关于冬九九与夏九九的歌谣其实有很多，无论是冬至九九歌，还是夏至九九歌，并不是固定的一首。因此，在这些歌谣中所描述的内容也只是某一地域内的数九现象，反映的是当地特有的风俗习惯。从另一层面上说，这也是对中国节气的更精确的注释。

二、出梅入伏

除了冬九九与夏九九外，具有地域性的杂节气还有梅雨天、数伏天等。

梅雨天是指江南一带的梅雨时节，是一种持续天阴有雨的气候现象，一般发生在每年的 6、7 月份。梅雨天的波及范围很广，除了我国的长江中下游地区和台湾地区外，日本的中南部以及韩国的南部等地，也会在这一时期遭遇梅雨天气。有一种说法是，梅雨季节来临时，江南的梅子刚好到了成熟期，因此，这时的雨便被称为"梅雨"或"黄梅雨"，而这段阴雨连绵的日子被称为梅雨季节。这一时期，气温普遍偏高，雨量偏多，空气潮湿，家中的衣物等容易发霉。因为"霉"与"梅"同音，所以人们也会称"梅雨"为"霉雨"。进入梅雨天的日子就被称为"入梅"（"入霉"），梅雨天过去则称为"出梅"（"出霉"）或"断梅"。

梅雨季节一般从阳历的 6 月中旬开始，到 7 月中旬结束。但在有的年份里，梅雨开始得比较早，会在阳历的 5 月底 6 月初突然到来，这种梅雨就被称为"早梅雨"。有"早梅雨"就会有"迟梅雨"，气象学上的"迟梅雨"通常指的是阳历 6 月下旬以后才来临的梅雨，一般持续时间也相对较短，降水量却十分集中。梅雨的持续时间一般为 20 天左右，通常在 7 月中旬就会结束，但在有些年份里，梅雨却会一直延迟到 8 月份，这样的梅雨也被称为"特长梅雨"。与之相反，有些年份里的梅雨则非常不明显，往往停留了十来天

就匆匆北移了，且雨量较少，这样的梅雨就被称为"短梅"。更有甚者，还会出现"黄梅时节燥松松"的"空梅"天气。特长梅雨往往会带来严重的洪涝灾害，而"短梅"和"空梅"则常常造成大旱。

梅雨季节过后，长江中下游地区往往紧接着就进入了伏天，因而有"出梅入伏"的说法。但在有些年份里，出梅之后还会再度出现闷热潮湿的雷雨、阵雨天气，持续时间短则一周，长则十天半个月，仿佛梅雨季节又回来了一般。因此，人们便这种天气称为"倒黄梅"。"倒黄梅"期间往往多雷阵雨，且雨量集中，也容易造成洪涝灾害。但是"倒黄梅"时期一结束，就会转入晴热的伏天。

伏天是"三伏"的总称，"伏"有潜伏的意思，指阴气受阳气所迫，暂时藏伏在地下。从时间上来讲，伏天出现在小暑与处暑之间，对应的阳历是每年的 7 月中旬到 8 月中旬。三伏天是我国独有的节气，分为初伏、中伏和末伏。三伏的日期是由节气日期和干支纪日日期相配合来决定的，初伏和末伏的持续时间都是 10 天，中伏的持续时间一般是 10 天或 20 天。唐代徐坚编撰的《初学记》❶卷四引《阴阳书》曰："从夏至后第三庚为初伏，第四庚为中伏，立秋后初庚为末伏，谓之三伏。"一般情况下，第五个庚日就是末伏了，但如果第五个庚日在立秋之前，则第五个庚日仍然为中伏，这也就是在有些年份里中伏有 20 天的原因。

三伏天是夏季气温最高、天气最炎热的一段时间，也是一年中最热的时间段，而在初伏、中伏和末

❶ 徐坚字元固，湖州长城（今长兴县）人。《初学记》是一部以知识为重点的类书，兼顾辞藻典故以及文章名篇，原本是为了皇子们学习需要而编辑的一部百科全书。

伏中，又数末伏的时候最热。农谚中所谓的"冷在三九，热在三伏"的"三伏"，指的就是一年中最热的时候，即数伏的第三伏这十天。这一时期，我国长江中下游地区受到强大的副热带高压控制，气流下沉，多晴朗少云的天气，日照时间长。再加上此时太阳光直射北半球，辐射强度大，地面吸收的热量多，散发的热量少，地表辐射增温，暑气正盛，极易造成伏旱灾害，人体也极易中暑。

自古以来，人们都十分重视三伏天，民间还将其称为"伏节"。由于三伏天里暑热难耐，避暑就成了人们在这一时期里的重要活动。在古代，入伏后，皇帝还会向大臣们赐冰，以示关切。官员之间也会相互赠冰，驱散暑热。民间也有人到湖上、山中、寺里等一些清凉之地去避暑，或者就直接在家中闭门不出，"闭门避暑卧，出入不相过"（魏晋·程晓《伏日》）。

三伏天基本贯穿小暑、大暑、立秋三个节气，持续时间较长。但三伏过后，一年中最热的时间段也就算过去了，迎来了秋高气爽的秋季。但由于控制我国的西太平洋副热带高压，在秋季时会逐步南移再北抬，常常导致出伏后出现短期的回热天气。气象学上将这一时期的情况称为"秋老虎"。"秋老虎"天气时早晚的气温相较于三伏天都比较清凉，但白天尤其是午后的气温较高。"秋老虎"一般会持续半个月到两个月不等，出了"秋老虎"，人们就迎来了真正的秋季。

三、二十四番花信风

（一）花信风的含义

作为二十四节气的补充，除了七十二候外，人们还总结出了二十四番花信风。人们依据花期来判断节气的习俗由来已久，但"花信风"的本义并不是花信，而是风信。花信风也是一种物候，属于风候类，即应花期而来的风。

有关"花信风"的明确记载，可以追溯到的最早的著作是南宋程大昌的《演繁露》（清代文渊阁《四库全书》本）卷一："花信风：三月花开时风，名花信风。初而泛观，则似谓此风来报花之消息耳。按《吕氏春秋》曰，春之得风，风不信则其花不成，乃知花信风者，风应花期，其来有信也。（徐锴《岁时记·春日》）"由此可知，花信风最初指的只是春天花开时（三月）的风候，是特定时节的物候。

南朝梁宗懔在《荆楚岁时记》中记载："始梅花，终楝花，凡二十四番花信风。"又明代谢肇淛的《五杂俎》中也记载："二十四番花信风者，自小寒至谷雨，凡四月八气二十四候，每候五日，以一花之风信应之。"又明代王逵在《蠡海集》中完整记录了二十四番花信风的名目，并且说："二十四番花信风者，盖自冬至后三候为小寒，十二月之节气，月建于丑。……一月二气六候，自小寒至谷雨，凡四月、八气、二十四候，每候五日，以一花之风信应之，……花竟则立夏矣。"由此可知，明代时人们已经明确二十四番花信风始于小寒，跨越的时间长度有一百多天，并

不仅仅是春天花开的时候，同时其含义也由风信逐渐转为了花信。

依据明代关于二十四番花信风的完整记载，从每年的小寒到谷雨，共八个节气，每个节气有十五天，一个节气分为三个候应，每五天一候应，八个节气共有二十四个候应，每一个候应对应一种花信风，二十四候应对应二十四番花信风：

小寒节气：
一候梅花，二候山茶，三候水仙；
大寒节气：
一候瑞香，二候兰花，三候山矾；
立春节气：
一候迎春，二候樱桃，三候望春；
雨水节气：
一候菜花，二候杏花，三候李花；
惊蛰节气：
一候桃花，二候棣棠，三候蔷薇；
春分节气：
一候海棠，二候梨花，三候木兰；
清明节气：
一候桐花，二候麦花，三候柳花；
谷雨节气：
一候牡丹，二候酴醾，三候楝花。

因为二十四番花信风中包含了明确的花期的信息，所以人们就将花期与节令联系了起来。二十四番

花信风一方面反映了人们对花期与节气之间规律的掌握，另一方面也是帮助人们把握农时、安排农事的重要信号。

（二）民俗文化

除了用花信来判断节气外，人们也用花信来判断月份，人们依据不同月份的花开花落，编成了《十二姐妹花》的歌谣，用十二种花对应十二个月份：

正月梅花凌寒开，
二月杏花满枝来。
三月桃花映绿水，
四月蔷薇满篱台。
五月石榴红似火，
六月荷花洒池台。
七月凤仙展奇葩，
八月桂花遍地开。
九月菊花竞怒放，
十月芙蓉携光彩。
冬月（十一月）水仙凌波绽，
腊月（十二月）腊梅报春来。

自古以来，文人墨客对各种花儿就十分钟情，吟咏的佳作也数不胜数。正因为如此，民间还诞生了十二月花神的说法，将文人奉为花神，对应于不同的花卉。即：

一月兰花——屈原

二月梅花——林逋

三月桃花——皮日休

四月牡丹——欧阳修

五月芍药——苏东坡

六月石榴——江淹

七月荷花——周濂溪

八月紫薇——杨万里

九月桂花——洪适

十月芙蓉——范成大

十一月菊花——陶潜

十二月水仙——高似孙

●宋法常写生　牡丹

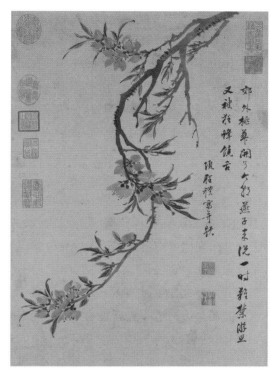

●明项圣谟桃花写生（局部）

●宋法常写生　石榴

●宋法常写生 荷花

　　有了花神，自然就有花神节。我国古代的花朝节，也称"花神节"，是为了纪念百花的生日，即祭花神。

　　花朝节一般在每年农历的二月十五举行，此时正值惊蛰到春分之间，百花绽放，姹紫嫣红，是赏花、祭花神的好时候。

　　花朝节与正月十五元宵节、八月十五中秋节相对应，在古代被视为非常重要的传统节日。武则天执政期间，花朝节最为盛行，因武则天爱花，每逢花朝节，便吩咐宫女们采集百花，与米一同碾碎后蒸成花糕，赏赐群臣。民间则流行赏花、逛花会。江南一带还会在节日期间剪些红色的绸带缠绕在家里的树枝上，谓之"赏红"或"护花"，以祈求生活安康。青年男女们也会在这一天借花相会，以花传情。总之，花朝节寄寓了人们对充满生机的春天的喜爱之情和对美好事物的向往。

第四章

中国节气的价值与意义

第一节 中国节气在传统文化中的地位与价值

中国节气是古人在长期的生产生活中逐步发现和完备起来的，其从诞生到发展都与天文历法、农业生产、节日民俗、文学创作息息相关。

一、中国节气在天文历法中的地位与价值

中国是世界上天文学发展最早的国家之一，在天文仪器、历法、天象观测、宇宙理论等方面都取得了不少成就，并长期处于世界领先地位。中国的天文学萌芽于原始社会，在战国秦汉时期形成了以历法和天象观测为中心的完整体系。不同于其他文明古国的天文学系统，中国的天文学的核心就是历法，它的整个发展也是以历法的编纂为基础的。将一年分为二十四个节气，是我国古代先民的一个独创，也是对天文学的一个重大贡献。

人们通过天象来判断农时，指导农事，也制作了各种测量仪器，在反复的观测与实践中建立了更加完整、系统、精确的时间知识体系。在天文仪器方面，

河北省武安市磁山文化遗址出土的测量日影的工具圭盘和占蓍草器，说明磁山先民早在 8000 年前就已经使用朴素的天文仪器来观测天象，把握农时了。在天文历法中，中国先民早在春秋末期就采用了一年为 365 又 1/4 日，十九年闰七的古四分历，比欧洲古罗马人早了近五百年。南宋杨忠辅编订的《统天历》中，采用了有史以来最精确的回归年长度 365.2425 日，这一数值较现代所测的数值只相差了 26 秒，较西方最早采用这一数值的《格里高利历》早了近四百年。

二、中国节气在农业生产中的地位与价值

中国不仅是农业古国，更是农业大国，中国农业生产的萌芽最早可以追溯到一万多年前的黄河流域。伴随着人类社会的发展，以黄河流域为源头，逐渐向长江流域过渡、发展，形成了我国的两大农耕文化中心，而农业生产技术上的精耕细作，也将中国的农业发展推向了前所未有的繁荣，并一度保持着领先世界的地位。

但是在靠天吃饭的古代，只有掌握当地的气候条件才能保证农作物的收成。在长期的农事劳动中，古代先民们不断积累起了有关天文、地理、气候、土壤等方面的农业知识。而中国节气的诞生与我国农业生产的发展有着密切的联系。二十四节气的产生不仅反映出了中国古代农业生产水平的高度发达，还反映出了中国古代农学研究的繁荣，为中国农业的持续发展提供了重要的理论指导。

二十四节气的理念告诉人们要关注农时，尊重自

然规律。作为古代农业生产的重要指南，二十四节气指导着农民们何时耕地、何时播种、何时锄草、何时收获等一系列的农事活动，同时，提醒着人们要尊重自然规律。古人在农业发展中形成的"天人合一"与"三才"的思想，就是遵循自然规律的体现，也是今天社会所倡导的实现人与自然和谐发展的思想雏形。同时，二十四节气作为一种与自然高度和谐的生产与生活模式，对今天中国农业的发展依然具有重要的现实指导意义。

三、中国节气在节日民俗中的地位与价值

在中国古代，人们十分讲究顺应天时，寻求"天人合一"。因而在长期的生产实践中，人们不仅创造出了以二十四节气为代表的时间知识体系，总结出了各种宜地宜时的节气谚语，而且因为人们对天象的敬畏，为了祈祷丰收，祈求消灾，又形成了各式各样的信仰、时令仪式，即节气习俗。有些节气还发展成了重要的节日，比如立春日的春节，冬至日的冬至节，清明日的清明节等。它们共同组成了中华民族的岁时节令民俗文化，在几千年的历史长河中不断得到积淀和发展，蕴含了丰富的内涵，并且逐渐传播到各个地区，走出了国门，走向了世界，成为中华民族文化的重要象征。

四、中国节气在文学创作中的地位与价值

中国节气在漫长的岁月中，不仅指导着人们生产、生活的方方面面，也感染着历代的文人墨客，因

此孕育出了数以万计的诗词歌赋。在中国古代的文学
创作中，节气以及与其相关的民俗一直是文人墨客们
创作灵感的源泉之一。就拿很多中国传统的节日、民
俗来说，除了史书中的记载外，就属各个历史时期的
诗词、文集、笔记之中蕴含得最多。

第二节　中国节气的现代意义与未来走向

一、二十四节气的申遗成功与中国节气的现代意义

二十四节气作为中国节气的主体部分，为中国传
统文化作出了重要贡献，其所具有的文化价值与历史
价值不容忽视。随着二十四节气的申遗成功，其保护
和传承工作也进入了一个新阶段，其所具有的文化价
值与现代意义再次被人们重视起来。

（一）二十四节气的申遗成功

2016 年 11 月 30 日，在埃塞俄比亚首都亚的斯
亚贝巴召开的联合国教科文组织保护非物质文化遗产
政府间委员会第十一届常会经过评审正式通过决议，
将中国申报的"二十四节气——中国人通过观察太阳
周年运动而形成的时间知识体系及其实践"列入联合
国教科文组织人类非物质文化遗产代表作名录，世界
遗产再添"中国符号"。

二十四节气作为一套古老的时间知识体系，是中
国古代人民思想智慧的结晶，被国际气象界誉为"中
国的第五大发明"。二十四节气的申遗成功，为我们
思考、理解、合理利用传统的中国时间观念、实践提

供了重要的契机。

（二）中国节气的现代意义

中国节气的现代意义主要体现在以下几个方面，此处以二十四节气为例展开说明：

第一，二十四节气中贯穿着中国古代"天人合一"的价值理念，在处理人与自然的关系上，对于今天的人们依然具有极大的借鉴意义。

中国先民们在很早以前就认为人与自然之间存在着密切的关系。在古代先贤的理念中，认为人与自然是一个不可分割的整体，老子言："人法地，地法天，天法道，道法自然。"讲究顺应天时，遵循自然，当自然发生变化时，人也应当做出相应的变化，并得出了"天人感应""天人合一"的理论。因此，二十四节气的提出并不是孤立的，而是人们综合运用了天象、气象、物候、节气等多种手段形成的指时体系。在二十四节气的发展过程中，人们也逐渐将"天人合一"的价值理念融入其中。这种理念反映了中华民族对人与自然之间关系的深刻理解，体现了人与自然和谐共处的生态观。

当今世界，面对全球环境问题，如何处理好全球生态环境严重恶化与人类可持续发展之间的矛盾成为全人类的共同话题，各国纷纷研究应对策略，全世界都在倡导可持续发展。因而二十四节气中所蕴含的"天人合一"的理念依然具有普遍的意义和共享价值。

第二，二十四节气作为农业管理的时间标志与季节转换的提示在现代依然具有适用性。

　　在古代，早期的先民们并没有时间概念，而是通过"人法地、地法天"的长期观测，才逐渐将各种物候的变化与农作物的自然生长周期的节点相结合发明出了二十四节气。在中国传统的农业生产中，十分强调农时的重要性。二十四节气的发明教导人们要顺应农时，适时耕作，只有合理地把握时机，才能获得丰收。因此，在没有现代时间意识，也没有现代高科技手段的情况下，二十四节气就是先民们必不可少的时间指南。

　　此外，在中国古代的历法发展中，二十四节气一直是作为历法的补充来指导农事的，并且，在现行的公历中，二十四节气也是作为历法的标注来使用的。由于二十四节气与现行公历一样都是太阳历，所以其日期与公历的日期基本对应。不仅如此，二十四节气的名称本身也反映着四季的更替与气候、物候的变化，这也是公历所不具备的特点和优势。

　　虽然在现代的农业生产中，由于借助科学技术的手段，农作物种植已经超越了其原始的生长周期，人们也早已掌握了现代时间观念，但无论是在古代，还是在现代，二十四节气作为一套完整的时间知识体系从未过时。在现代的农业生产过程中，二十四节气仍然具有时间标志意义和指导农业生产的价值。虽然我国当前正处于城镇化快速发展的阶段，但中国仍然是农业大国，农业生产依然是国民经济发展的基础，除了借助于现代科学技术的手段，二十四节气在指导农业生产方面仍然大有可为。

　　第三，二十四节气作为中华民族原创的节气文

化，具有重要的文化认同价值。

　　从最早的观象授时开始，到《淮南子·天文训》中完整的二十四节气形成，再到如今融入人们日常生活的方方面面的节气文化，二十四节气贯穿了整个中华民族的文化发展历史，早已作为一种传承的文化被牢牢地印刻上了"中国符号"。如今的二十四节气已经发展成为一种民族文化，在各种节日习俗、农谚歌谣、诗文作品中延伸下去，不断增强着人们对中华文化的认同感。

　　在漫长的历史进程中，二十四节气作为一种补充历法，为历朝历代的人们所遵循，成为人们从事日常生产、生活必不可少的时间体系。同时，二十四节气从黄河流域逐渐扩展到全国各地，为多民族所共享。在长期的生产生活实践中，各地区的人们对二十四节气又进行了因地制宜、因俗制宜的创造性利用，形成了丰富多彩的物质文化、制度文化和精神文化，二十四节气也早已成为人们对中华文化认同的重要载体。二十四节气及其文化影响力远播日本、韩国、越南、马来西亚等地区，这些地区的华人甚至依然有过冬至、迎春（立春）等习俗，这种文化认同的价值在当下具有重要的象征意义。

　　第四，二十四节气及其文化，是现代文化创意的重要资源。

　　自二十四节气申遗成功以来，其作为"中国符号"的文化价值被人们再次重视起来。二十四节气悠久的历史蕴含了丰富的文化资源，包含了天文、气候、地理、农学、文学、民俗等内容，是中国传统文化的综

合载体，这些都为现代文化创意提供了素材。而对于二十四节气的传承与发扬，除了传统的节气文化，更多的是在此基础之上衍生出的各类二十四节气相关的文创产品。比如，政府、博物馆、科研院所以及企业等不同主体所举办的各种围绕"二十四节气"的主题展览；以二十四节气为背景创作出的"二十四节气故事"等文字、音像产品；等等。这既体现了二十四节气在文化创意方面的丰富价值与强大活力，又展现了对传统二十四节气文化进行创造性转化、创新性发展的新时代文化传承方式。

二十四节气是中国农耕文明的重要体现，作为"中国符号"代表之一，以非物质文化遗产的名义正式走进了全世界人民的视野。如何更好地将这一智慧结晶展示给世界，更好地传承和弘扬二十四节气已经成为我们不可推诿的使命。正确认识二十四节气的现代意义，合理利用二十四节气的文化价值，激发人们的创造力，是使二十四节气重新焕发生命力的重要途径，也是保护和传承二十四节气文化的根本路径。

二、中国节气的未来走向

（一）传承中国节气是提高国家文化软实力的重要实践

二十四节气作为中国优秀传统文化之一，是中华文化符号和文化标识体系中的重要元素。在全球化的今天，提高文化软实力是我国文化建设的一个战略重点，既关系中华民族伟大复兴的实现，也关

系我国在世界文化格局中的地位，更关系我国的国际地位和国际影响力。

所谓"文化软实力"，指的是一个国家基于文化而具有的凝聚力和生命力，以及由此产生的吸引力和影响力。主要是文化、价值观、政策制度、意识形态及民意等方面所体现出来的力量。2007 年 10 月，党的十七大将"提高国家文化软实力"正式写入大会报告，提出，"提高国家文化软实力，使人民基本文化权益得到更好保障"。会议将"保障人民的基本文化权益"这一需求提高到了一个新水平，也标志着"提高国家文化软实力"被作为国家战略纳入各级政府的相关政策与实践当中去。

在 2013 年 12 月，习近平在主持十八届中央政治局第十二次集体学习时强调，"提高国家文化软实力，关系'两个一百年'的奋斗目标和中华民族伟大复兴中国梦的实现。要弘扬社会主义先进文化，深化文化体制改革，推动社会主义文化大发展大繁荣，增强全民族文化创造活力，推动文化事业全面繁荣、文化产业快速发展，不断丰富人民精神世界、增强人民精神力量，不断增强文化整体实力和竞争力，朝着建设社会主义文化强国的目标不断前进"。

国家对文化软实力的提高越来越重视，对中国优秀传统文化的传承和文化产业的发展给予了大力支持。二十四节气入选"人类非物质文化遗产代表作名录"，其意义不仅在于使中国增加了一项新的联合国教科文组织非遗名录项目，而且使得人们更加重视起二十四节气作为中国传统文化的价值与地位，能够进

一步加强二十四节气相关理念和实践的保护，为提高国家文化软实力加入新实践。

随着现代科技的发展，人们对天时、地理的预测和利用水平越来越高，人们从依靠节气来指导安排农业生产，逐渐转变成依靠现代科技来管理农业生产。以二十四节气为例，一方面，二十四节气对于城镇化发展下的人们尤其是城市居民，不再具有农事指导方面的意义。另一方面，二十四节气对我们现代生活的影响早已超出了农业生产的意义，它早已渗透到了我们生活的方方面面。在节日民俗中，在文学创作中，在养生保健中，等等，二十四节气对人们的影响依然重大。例如在节日民俗中，冬至节、春节（立春）、清明节等节气节日，作为中国传统节日中的重要节日被传承下去，而节日中的各种民俗也是中国传统文化的重要遗产，将继续被后世所继承和发扬。二十四节气作为中国传统文化中不可分割的一部分，在中国走向世界的道路上，继续发挥着宣传中华文化，传承中华文明的关键作用，是提高国家文化软实力的重要实践。

（二）二十四节气是中华民族文化自信的重要源泉

二十四节气自秦汉时形成以来，已经有数千年的文化沉淀。二十四节气的产生，融合了天象、气候、地理、物候、农事等多种因素，有着政治、伦理、哲学、生态诸多方面的重要意义。它不仅与我们的生产、生活息息相关，几千年来影响着人们的思维方式和行为准则，而且寄托着中华文化血脉的传承，是中华民族

重要的文化坐标。保护和传承二十四节气的工作，我们义不容辞。在国家的"提高国家文化软实力"的战略支持与引导下，二十四节气作为中华优秀传统文化的重要组成部分，自然应被人们所重视、保护与传承。而为了更好地保护和传承二十四节气，让更多的人了解二十四节气，有必要通过各种形式，增强对二十四节气的文化研究投入，加大二十四节气的宣传展示。

二十四节气的学术研究是保护、传承工作的基础。二十四节气蕴含着丰富的哲学、天文学、农学、民俗学等方面的历史积淀，对二十四节气的深入研究不仅具有历史意义，更具有现实意义。二十四节气代表着中国古代天文历法研究的高度和水平，代表着古代农学研究的领先高度，更代表着中华民族节气文化的重要内涵。无论是过去还是未来，对二十四节气的研究始终具有珍贵的学术价值。政府尤其是文化部门应加大对二十四节气学术研究在人才、经费、政策方面的支持，而文化从业者也应积极扛起二十四节气文化宣传的大旗，向更多的人展示中国节气文化的博大精深。

二十四节气的文化创意发展是保护和传承工作的重要途径。随着现代科技的发展，二十四节气作为古老的时间知识体系，其在指导人们生产、生活方面的作用明显减弱，但其作为中国优秀传统文化却从未过时。而在经济全球化的背景下，文化创意发展对于二十四节气文化的快速普及、扩大影响力以及推广到世界去都更具有时代性与适用性。二十四节气的保护与传承工作，不仅对中国节气文化的繁荣与发展具有促进作用，也对弘扬中国优秀传统文化具有重要意义。

此外，作为一个统一的多民族国家，二十四节气是我们共同的文化遗产，已经被打上了"中国符号"的烙印，它的传承与弘扬，对于进一步提升中华民族的认同感与凝聚力也具有重要意义。

除了国家层面对提高文化软实力的战略支持与引导，二十四节气的申遗成功，对于提升国人的文化自觉和文化自信也具有重要帮助，尤其是对中华民族文化走向世界具有里程碑式的意义。

按照联合国教科文组织的《保护非物质文化遗产公约》的定义，非物质文化遗产是指被各社区、群体，有时为个人，视为其文化遗产组成部分的各种社会实践、观念表达、表现形式、知识、技能及相关的工具、实物、手工艺品和文化场所。二十四节气作为中国人民长期积累下来的一套时间知识体系，其反映的是中国古代劳动人民的自然时间观。它被列入"人类非物质文化遗产代表作名录"既符合了联合国教科文组织在《保护非物质文化遗产公约》中对非物质文化遗产的定义，也在很大程度上让人们对非物质文化遗产有了更加正确的理解。二十四节气所代表的是一种文化的归属，虽然其起源于我国的黄河流域，但在其传承与传播的过程中，不断地与各地区的生产、生活规律相适应，形成了一种"共享时序""共同生活"的文化大环境。这也是为什么在二十四节气传播到朝鲜半岛、东南亚等与我国黄河流域生态相差甚远的地区后，当地的民众依然能够以二十四节气为参考安排生产、生活，应时而动。

（三）二十四节气作为时间知识体系将继续影响着人们的生产生活

二十四节气作为中国古代历法的补充部分，是典型的阴阳合历。从严格意义上来说，二十四节气本身就属于天文学的概念。虽然从表面上看，二十四节气与阴历、阳历似乎并不关联，但在农业生产和社会生活中却是互为补充、交错使用的，并且形成了一套协调并用、多元统一的时间体系。这套古老的时间体系，之所以几千年来能一直影响着中国人的生产生活，甚至走出国门被世界所认识，一方面是基于历朝历代治历者的修订完善使其始终保持着适用性，另一方面也是基于其悠久的历史积淀和强大的文化感染力。因此，在未来，二十四节气作为时间知识体系仍将迸发新的活力并继续影响着人们的生产生活。

2017 年 10 月 18 日，在党的十九大报告中，习近平提出了"乡村振兴战略"，指出，"农业农村农民问题是关系国计民生的根本性问题，必须始终把解决好'三农'问题作为全党工作重中之重。"这是因为，中国虽然已经成为当今世界第二大的经济体，但农业依然是我国经济发展的根本。二十四节气这套古老的时间知识体系，自古以来就是农民把握农时、获得丰收的重要指南。而它所反映的农时节令的变化规律，"天人合一"的农业主张等，对于今天乡村振兴战略的实施仍具有重要指导作用。

一方面，无论今天的农业如何发达，农业生产最根本的性质并没有变化，即依赖自然而生产。因此，这套沿用了数千年、积累了无数农业生产实践成果的

时间知识体系，对于今天的农业生产仍然具有指导意义。无论是在指导人们的农事活动中，还是在人们的衣食住行上，二十四节气并没有过时。

另一方面，在今天的农业发展过程中，因为高科技的发展而加入了大量工业化的要素，这在一定程度上为农业农村的快速发展作出了贡献，但也带来了许多难以回避的问题。2017 年 12 月 28 日至 29 日，习近平在中央农村工作会议上就曾强调，"实施乡村振兴战略，要坚持党管农村工作，坚持农业农村优先发展，坚持农民主体地位，坚持乡村全面振兴，坚持城乡融合发展，坚持人与自然和谐共生，坚持因地制宜、循序渐进"。会议中所强调的"人与自然和谐共生""因地制宜、循序渐进"正是我们所提倡的绿色发展理念，而二十四节气中所主张的顺应天时、"天人合一"的可持续发展理念与之不谋而合。

此外，在长达数千年的发展中，二十四节气早已从单纯的观象授时转化成了文化遗产。在乡村振兴战略的实施过程中，将节气文化与农村旅游、教育、文化建设、健康养老等产业深度融合，构建农村产业融合发展体系，促进休闲农业和乡村旅游的蓬勃发展，这对助推乡村振兴，营造人与自然和谐共生的发展格局，实现产业兴旺、生态宜居、乡风文明、治理有效、生活富裕的目的具有重大作用。

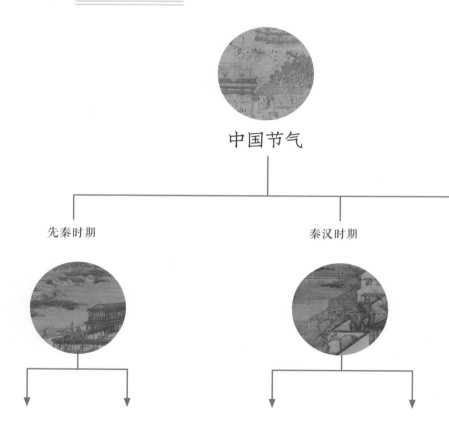

中国节气

先秦时期

秦汉时期

殷末周初节气萌芽

西周中晚期至春秋《夏小正》——形成中国节气的基础

西汉《淮南子》——最早出现的二十四节气的完整版

西汉《太初历》——中国古代第一次将节气写入历法中，明确二十四节气的天文位置

魏晋南北朝时期

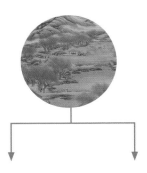

东晋虞喜发现岁差，祖冲之将岁差引入历法——二十四节气位置变动

南朝刘宋《元嘉历》——主张废除平朔法，采用定朔法

隋唐时期

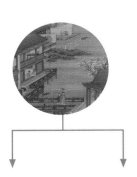

隋《皇极历》——改革了二十四节气的划分方法，废除传统的"平气法"，改用"定气法"，二十四节气的推算更加精确

唐《大衍历》——将二十四节气分为四段，秋分到冬至，冬至到春分，春分到夏至，夏至到秋分，每段各分成六个节气

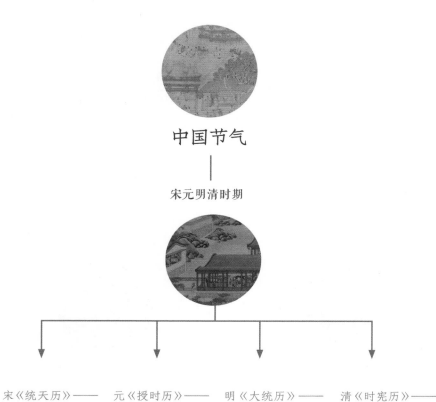

中国节气

宋元明清时期

宋《统天历》——
废除了上元积年

元《授时历》——
中国历史上施行
时间最长的一部
历法，精确了
二十四节气时间
的测定

明《大统历》——
承袭元《授时历》，
二十四节气"平气
法"与"定气法"
之争未定论

清《时宪历》——
二十四节气的版
本最终定型